智慧生活
健康饮食

小厨房
大智慧

刘烈刚　杨雪锋　主编

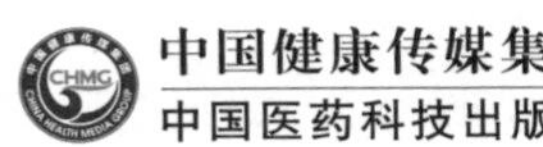

中国健康传媒集团
中国医药科技出版社

内容提要

本书以问答的形式，通过厨房把好安全关、食材选购有门道、关于食材储存那些事、食材处理有技巧四个章节，主要介绍了厨房里厨具的使用、清洗与存放，食材的选购和储存，谷薯类、蔬菜水果类、鱼虾禽肉蛋奶类等食材的处理技巧，详细解答了厨房与人体健康相关的问题，适合广大读者阅读参考。

图书在版编目（CIP）数据

小厨房·大智慧 / 刘烈刚，杨雪锋主编. —北京：中国医药科技出版社，2019.5

（智慧生活·健康饮食）

ISBN 978-7-5214-0768-6

Ⅰ.①小… Ⅱ.①刘…②杨… Ⅲ.①厨房－基本知识 Ⅳ.①TS972.26

中国版本图书馆CIP数据核字(2019)第023212号

小厨房·大智慧

美术编辑 陈君杞

版式设计 大隐设计

出版 中国健康传媒集团｜中国医药科技出版社

地址 北京市海淀区文慧园北路甲 22 号

邮编 100082

电话 发行：010-62227427 邮购：010-62236938

网址 www.cmstp.com

规格 710×1000mm 1/16

印张 11 3/4

字数 121 千字

版次 2019 年 5 月第 1 版

印次 2019 年 5 月第 1 次印刷

印刷 三河市万龙印装有限公司

经销 全国各地新华书店

书号 ISBN 978-7-5214-0768-6

定价 39.00 元

编委会

前言

众所周知，厨房是每个家庭每天都要使用的地方，但它却存在着很多与人们健康相关的隐患。厨房安全，家人才能真正健康。在日常生活中，无论是儿童、青年还是中老年人，都时常会被各种健康问题困扰，特别是为家人买菜做饭的主妇主夫们。

家庭厨房，往往就是不健康风险的来源，如何保障家庭厨房安全也成了很多人十分关注的问题。例如，“选购猪肉需要注意什么？”“怎样洗掉果蔬上的农药残留？”“如何鉴别鱼是否新鲜？”，等等。这些都是与身体健康密切相关的问题。同时，很多人把饮食安全问题的重点都放在“不能吃什么”“不能买什么”上，以为了解了这些，生活就会变得安全。其实，绝大多数人忽视了一件事——自己的厨房，真的很安全吗？厨具的使用与存放、食材的选购与储存、自己烹饪的食物，对人体健康有影响吗？

相信很多人的答案都是否定的。至少可以肯定地说，大部分人的家庭厨房，往往就是不健康风险的来源。例如，“家里有几块菜板？是否经常清洗消毒？”“碗筷清洗方法是否科学？”“食物存放的位置和温度安全吗？”“哪些烹调方式可能会产生有害物质？”

本书针对以上各种问题，主要介绍了厨房里与安全相关的问题、食材选购和储存，谷薯类、蔬菜水果类、鱼虾禽肉蛋奶类等食材的处理技巧，从食品安全到食品营养，从食材到搭配，从储藏到烹调，详细解答了厨房与人体健康相关的问题。通过阅读本书，我们可以学习知识，改变理念，建设一个健康的厨房，养成一个健康的饮食方式，让自己和家人趋利避害。

总之，小厨房里也有大智慧，要想吃出健康，家庭厨房的安全至关重要。可以说，健康，是从厨房开始的。

编者
2019 年 1 月

目录

厨房把好安全关

食材选购有门道

关于食品储存那些事

食材处理有技巧

谷薯类食用小窍门

蔬菜水果类食用小窍门

厨房把好安全关

1/

不粘锅掉漆了还能用吗

不粘锅因其“少油烟，不粘锅，易清洗”等优点，成为人们选购炒锅的首选。然而，在使用过程中，人们对不粘锅涂层安全性的质疑从未停息。用过一段时间之后，不粘锅底部可能会出现划痕或涂层剥落，掉下来的涂层吃进去会对身体造成危害吗？

市面上流行的不粘锅，其不粘涂层通常是含氟的高分子聚合物，最典型的是聚四氟乙烯。聚四氟乙烯几乎不溶于任何溶剂，耐酸、耐碱、耐油、耐高温，体现出极强的生物惰性。烹饪加热过程是否会让涂层分解呢？聚四氟乙烯热分解温度在380℃以上，而在一般的厨房烹饪过程中，食用油的油温都在250℃以下，所以不会造成不粘涂层分解。

在使用过程中，不粘涂层可能会出现一部分磨损脱落，一般都是由于金属锅铲刮擦或钢丝球洗锅等不正确的操作导致的。这些情况下的脱落量极少，而且涂层的大分子物质在人体内不会被消化、吸收和富集，直接通过粪便排出体外，因此其带来的直接健康风险可以忽略不计。

另外，在过去的生产工艺中会使用一种加工助剂，叫作全氟辛酸铵（PFOA）。虽然PFOA本身对人体有害，但在生产过程中PFOA已在高温下分解，残余量微乎其微，不足以对人体产生危害。而且在2011年之后，不粘锅产品已经不允许使用PFOA，也就是说合格的不粘锅产品里是不含PFOA的。

在使用不粘锅时，一定要注意避免高温干烧，不要使用金属锅铲，清洗时尽量使用海绵或软一些的抹布。购买质量合格的不粘锅，并正确的使用，这样是不会对身体产生危害的。

2/

筷子和砧板如何选择最健康

饮食健康已成为大家日益关注的话题。除了关注食材的安全，还应注意与食物相关的用具，如筷子、砧板的选择。

市场上可供选择的筷子种类很多，竹筷和本色木制筷子具有绿色环保、物美价廉、遇高温不变形等优点，推荐选用。

彩漆的筷子“虚有其表”，不推荐选用。因为涂料中的铅及苯等物质对健康不利。塑料筷子虽然颜色鲜艳，品种多样，但质感较脆，受热易融化变形，产生有害物质。银筷子、不锈钢筷子各具特色，但用起来略重，且导热性强，夹食热食易烫到嘴唇。陶瓷筷子易碎，不建议作为常用餐具。

砧板的选择同样需要注意。

竹菜板是天然植物制成，材质较为结实且不容易开裂或掉渣，坚硬耐磨、韧性好、容易风干，不容易发霉，是较好的选择。但竹菜板由于厚度不够，多为拼接而成，使用时经不起重击，所以最好用来切菜或水果，剁肉则不太适合。

木质的菜板较厚，韧度强，比较适合用来剁肉或切一些坚硬的食物。但使用中，容易形成切痕，积蓄污垢，不易清洗。有些木材，如杨木本身就容易开裂，再反复使用，更容易滋生细菌。因木质菜板的吸水性强，不易风干，如果长时间在潮湿环境下，很容易发霉，导致肠道疾病的发生。因此，木质菜板在购买后使用前最好用植物油浸泡2个小时，这样不容易开裂，使用时应清洁后放置于通风处，保持干燥。购买菜板时一定要挑选放心的木材，白果木、皂角木、桦木或柳木制成的菜板较好。

塑料菜板美观轻便，多以聚丙烯、聚乙烯等制成，不适合切一些油脂大的食物，否则不好清洗。塑料菜板不耐高温，热的东西放在上面切，菜板很容易变形。有些塑料菜板中含有铅、镉等增塑剂，长期使用甚至有致癌的危险;有些质地粗糙的塑料菜板，还容易有碎末脱落，随食物进入人体内，对肝、肾造成损伤。

3/

应该如何清理砧板

家中做饭每天都用的砧板，如果不清理干净会滋生大量细菌、霉菌，可能引起食物变质，甚至危害身体健康。

每次使用完砧板之后，应该用刀将板面残渣刮净。

在切完生食之后，用烧开的沸水来回烫几遍砧板，可以有效起到消毒的作用。

使用完的砧板在清洗之后，用抹布或厨房用纸擦去残留水分，放在有阳光的地方照射 30 分钟以上，可起到充分干燥和抑菌消毒的作用。

每隔一段时间，应定期彻底清理砧板，可以采用以下几种方法。

用食盐消毒：每隔几天在砧板上撒一层盐，半小时后清水冲洗干净。

利用小苏打和柠檬除臭除菌：将小苏打均匀撒在砧板上，再均匀涂抹上柠檬汁，静置 5 分钟。用柠檬在砧板表面来回搓洗几遍，再用开水冲洗干净，即可有效除去砧板上残留的食物味道。

生姜除臭：使用时间很长的砧板会有一些怪味，可以用生姜将砧板擦一遍，置于流动的温水下用刷子刷洗，怪味即可除去。

白醋除味：将白醋喷洒在砧板上，放置半小时后冲洗，可以杀菌和除味。

4/

筷子和案板长期不换能致癌吗

据说，家里用的筷子和案板长期不换，会污染黄曲霉毒素，从而导致癌症！筷子和案板说：“抱歉，这个锅，我们不背！”

认识霉菌

霉菌是自然界普遍存在的一类微生物，特别喜欢在温暖潮湿的地方生长，引起常见的“长毛”现象。多数霉菌并不影响健康，不少还被用于食品工业中，如酿酒用的红曲霉等。但有些霉菌在适宜的条件下会产生毒素，成为危害健康的凶手。前面提到的黄曲霉毒素，是黄曲霉和寄生曲霉等霉菌在适宜条件下所产生的毒素。黄曲霉毒素是个大家族，有多个成员，其中 B1 毒性最强也最常见，是大家需要重点防范的对象。

黄曲霉毒素：养我，挺不容易

霉菌生长是一回事，产毒又是另一回事。霉菌产毒所需条件比较苛刻，黄曲霉毒素也不例外。首先，生长的霉菌种类要对，如黄曲霉和寄生曲霉，并且它们还必须携带产毒基因。其次，要有适宜的基质。营养丰富的食品往往更适合作为霉菌生长和产毒的温床。另外，适宜的温湿度、酸碱度等条件也必不可少。

最容易生长黄曲霉毒素的食物有大米、花生和玉米等，而筷子和案板对于曲霉而言并不是那么“好吃”，想让它产生黄曲霉毒素着实不易。

总之，霉菌产毒的关键：首先，长霉一定得是黄曲霉或寄生曲霉等菌种；其次，霉长对了，还要有一定的产毒能力；最后，能力有了，还得有适宜的温床。否则，黄曲霉毒素绝不会无中生有。

如何防霉

防霉，需要根据霉菌生长和产毒的要求反其道而行。

（1）“你喜温湿我来干”。筷子盒应该通风、有出水孔，避免存水。案板要选用不易吸水的材质，如塑料或竹制案板，用完后要及时清洗和晾晒。

（2）“你要养来我不供”。筷子、案板等用完后要清洗彻底，不要有食物残留。

5/

掌握好窍门，让你不再为刷碗发愁

日常生活中，如何处理脏碗和油腻的灶台，是件十分让人头疼的事情。其实，只要掌握了窍门，刷碗算不上是件麻烦事。

首先，要给碗盘做分类，没有油的和有油的一定要分开放。先刷没油的碗，后刷有油的碗。如果把油腻腻的碗和其他碗摞在一起，结果是互相污染，而且碗的内外一起沾上油，会使刷洗工作量凭空增加不止一倍。

其次，烹调后、饭后及时刷碗，即趁着碗里的水分没干立刻刷碗。那些没有油的碗，如盛粥、装饭、放水果、放凉菜的碗盘，在没有风干之前，只要用水一冲或者用洗碗布轻轻一擦就干净了，非常简单快捷。然后再处理那些有油的碗。如果做的菜不油腻，那么刷碗只需用一块洗碗布，加上热水，无须洗涤剂就能搞定了。热水之所以能去油，是因为它可以让动物油保持液态，并降低油脂的黏度。温度越低，则油脂的黏度越高，越不容易被洗下去。对于那些油污很多的晚盘，普遍选用洗涤灵（洗洁精、餐具清洗剂）进行清洗。在半碗水中加几滴洗涤剂，用洗碗布蘸取后刷有油的盘碗，更容易把洗涤灵冲掉。为什么洗涤剂最好先稀释几倍再用？其实是为了减少用量，并让它容易被冲掉。大量使用洗涤灵，不仅浪费水源，而且滥用的洗涤剂本身还会造成水污染。

再次，刷碗刷锅时所用的工具，如洗碗布、丝瓜瓤等，若不晾干，非常容易滋生微生物。因此，洗完碗之后，应把洗碗布、丝瓜瓤等用两三滴洗涤剂洗一下，这样油污就被洗掉了，然后再把它们彻底晾干，从而避免微生物繁殖，保证食品安全。

最后，碗筷刷干净后彻底晾干，比消毒处理更有意义。因为只要没有有机物质附着在碗上，也没有水分，微生物就无法增殖。

6/

怎样快速清洁油烟机的污垢

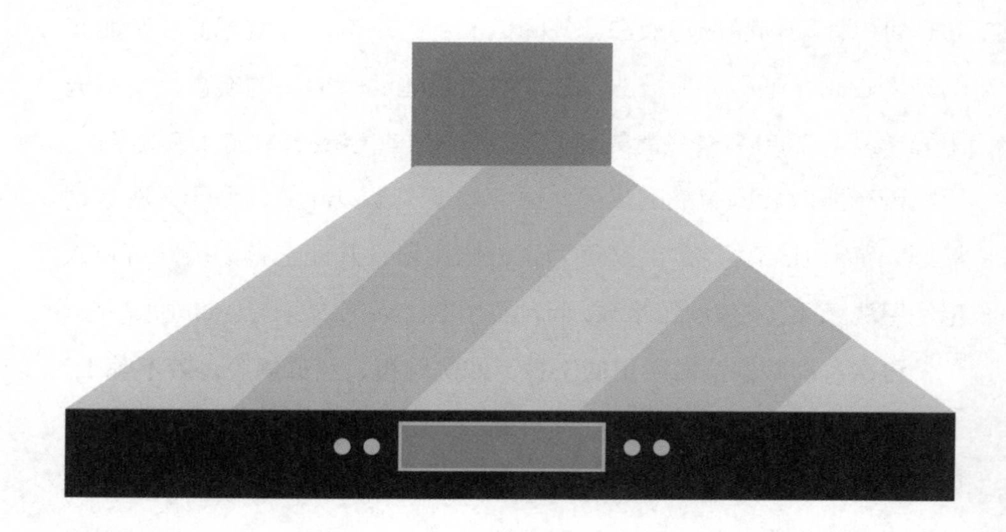

油烟机是净化厨房油烟的好帮手，但使用一段时间后，油烟机的表面和内部就会挂满油腻腻的污渍，清理起来十分困难。下次清洗油烟机时，你不妨试试下面几个小窍门。

（1）将清洗剂倒入一盆热水中，把油烟机的风轮或滤网拆下后浸泡其中，15 分钟后用抹布擦洗。油烟机机身也可用此溶液进行擦洗，需要注意水温高一些去污效果更好。清洗完后注意擦干机身和取出的零件。

（2）若不想拆卸清洗，可以用喷壶装入适量洗洁精，加满热水摇匀，启动油烟机，用盛满洗洁精的喷壶向待洗部位喷洒清洗液，油污会和脏水一起流入油烟机油盒中，随满随倒。反复喷洒清洗，直至流出的脏水变清为止。

（3）特别厚的油污可用卡片或薄竹板先刮去，再进行清洗，可以有效加快清洗速度，也可节约清洗剂。

（4）由于油烟机油盒长期储存废油，因此难以清洗。可以在使用前，在干净的油烟机油盒内倒入一层洗洁精，洗洁精用量大约是油烟机油盒的 1/3，把油盒内壁也都涂满洗洁精，然后装至油烟机上，下次清洗时便可以轻松洗净油盒了。

7/

如何快速清理油腻腻的微波炉

厨房用具用久了总会油渍累累，使用微波炉加热食物时，难免会溅上油渍，如何有效清洁油腻腻的微波炉呢？

（1）**清洁外部：**断开电源，取一块抹布或海绵，温水浸湿后挤出多余水分，擦拭微波炉外部的浮灰，尤其是散热孔处。

（2）**软化油渍：**准备一碗清水，滴入几滴洗洁精，搅匀后放入微波炉内，高火档微波 3 分钟。这样有利于内壁油渍的软化，并且清除异味。

（3）**溶解污渍：**微波加热后等待 2 分钟再打开微波炉的门，使顽垢松软易去除。

（4）**擦拭内壁：**将碗、炉盘、轴环取出。先用湿抹布擦一遍内壁，再用干抹布将水擦干。切忌冲洗！

（5）**清洁配件：**先用温水浸泡转盘和轴环 2 分钟，再用洗洁精清洗，顽固油渍可用钢丝球擦洗。

（6）**清理门缝：**残留在门铰及门缝上的食物残渣或油渍，可用软刷蘸适量洗洁精擦，切勿用强效清洁剂擦或用小刀刮。

（7）**各自归位：**清洗后若有黏腻感，证明有残存的洗洁精。内部可用碗放上干净的水，放到微波炉里加热 30 秒钟左右，擦干净即可；外部需要重新用清水擦洗。最后，将轴环及转盘归位、放稳。

8/
你真的会使用微波炉吗

阅读说明书

最有效的方法就是阅读说明书，它会直接告诉我们一些具体的做法，以及要注意的事项，不要嫌它太麻烦，其实只要仔细读，就会明白该做什么和不应该做什么。

摆放位置

微波炉摆放的位置应该为通风、稳当处。最好让炉子的背面、两侧与墙壁之间有一定的距离，以 15 厘米为宜，保持良好的通风环境，可以避免加快老化和在开门时发生变形的状况。另外，尽量不靠近热源以及日光能照晒的地方，避免降低其使用性有所。

最佳烹调用器

微波炉加热食物，使用的容器最好为玻璃、耐热塑料、陶瓷。需要注意的是，器具上面不要有涂料漆，因为加热可能导致漆的掉落，从而产生开裂，进而影响食品的口感。

忌用器皿

忌用木器、竹器等不耐高温的器具。用微波炉加热时，我们应将需要加热的食物放在微波炉专用器皿中，不可直接放在微波炉的里，以防出现危险。

未用前

在将食物放进微波炉加热前，最好不要让微波炉处在通电的状态下，以免在放食品时触电。

使用后

在用完微波炉后，切记要关掉电源，拔下插头，以消除安全隐患，预防空转、烧坏磁控管等情况发生。

9/ 如何正确使用冰箱

冰箱已是人们必备的家用电器，但许多家庭的使用方法未必正确，下面介绍一些正确使用冰箱的方法。

首先，日常食物的贮藏要分门别类。如蔬菜和水果，由于有的水果会释放乙烯加速蔬菜变蔫，所以要分开储藏。一般保存蔬菜水果的适宜温度是 10℃左右，此温度能抑制微生物生长繁殖。

其次，冰箱中食物的摆放要按照上熟下生的原则。防止生食与熟食之间串味，最好用保鲜膜包裹或用密闭的容器盛装食物，这样保鲜效果更好。

使用冰箱存放食物时要留有一定的间隙，不要塞得太满，否则不利于空气流通，影响制冷效果，不利于食物的储藏。

还有一点需要特别注意，冰箱不是消毒柜，其内部也会滋生细菌，造成食物的污染，所以要定期对冰箱进行清空大扫除。

食物存放在冰箱，只是抑制了细菌的生长繁殖，并不能完全阻止细菌生长，所以冰箱中存放食物也应有一定的期限，及时清理已过期或变质的食物，避免污染其他食物。

10/

保鲜膜怎么用更健康

保鲜膜在如今的生活中使用十分广泛，但保鲜膜有不同的使用范围，并非所有的食物都适合使用保鲜膜。在日常选购保鲜膜时需注意“使用范围”以及“耐受温度”。市面上常见的保鲜膜有以下 3 种。

PVC 保鲜膜

使用范围较窄，通常只适合包装低温或常温、脂肪含量低的食物，比如蔬菜、水果、鸡蛋等。PVC 保鲜膜遇到高温、油脂等可能会释放出增塑剂，如果混入食物中，食用后会影响人体的内分泌系统，因此不可用于包装肉类、熟食、豆腐等可直接食用的食物。严禁用于微波炉加热。

PE 保鲜膜

日常使用均可，如蔬菜、水果、剩饭剩菜等，但不耐高温，不能直接放入微波炉加热。

PVDC、PMP 保鲜膜

使用范围广，各种场合均可使用，可耐 140℃ ~ 180℃，可直接放入微波炉加热，但不适用于高温烤箱。需注意的是，在覆盖保鲜膜微波加热食物时应在保鲜膜上扎几个小孔，保证水蒸气的蒸发，防止保鲜膜爆裂。微波加热时尽量避免保鲜膜与食物接触，尤其是油脂多的食物。

11/

陶瓷餐具
会影响身体健康吗

过去，传统陶瓷在烧制过程中，喜欢在染料中添加铅，以使陶瓷彩绘更为鲜艳明丽，有的碗碟镶金镀银，其含有的重金属成分更多。

而随着时代的发展，现在烧制陶瓷通常不在染料中加铅，金饰也改用钛来取代，因此不论哪种陶瓷制品，在常温下对人体应无伤害。

不过，需要注意的是，陶瓷制品中若含有害成分，则会在600℃～800℃高温下可能溢出，因此在使用微波炉时，最好放入白胎碗或釉下彩碗（碗最外层涂有一层釉，可防有害物溢出），而尽量不选择粉彩碗或釉上彩碗。

另外，有专家指出，陶瓷碗上的含铅量一般比空气中的含铅量还要低，因此大家不必过于紧张。

食材选购有门道

12/

怎样才能买到美味健康的大米

大米天天吃，都是“好大米”，到底怎么挑呢？

一般常见的大米有 3 种，即籼稻、粳和糯稻。籼米适合做米饭，粳米适合煮粥，糯米在北方常被称为江米，糯米适合做八宝粥、粽子等。日常可根据烹饪需求选择合适的大米。那么选购大米时需要注意什么呢？

选购袋装米时，要注意查看是否为真空包装。真空包装的袋装米，隔绝氧气和水分，保质期相对较长。非真空包装的袋装米，包装中依然留有空气,保质期相对较短。选购袋装米时多留意标签上的产品名称、净含量、生产企业的名称和地址、生产日期和保质期、质量等级、产品标准号是否完整。

选购散装大米时，要注意以下几点。

一看色泽和外观。正常大米大小均匀、丰满光滑、色泽正常。

二观糠粉多寡。抓一把大米，放开后，观察手中粘有糠粉情况，合格大米糠粉很少。

三闻气味。取少量大米，向大米哈一口热气，或用手摩擦发热，然后立即嗅其气味。正常大米具有清香味，无异味，陈米色暗，有霉味，严重的有酸臭味，呈黄绿色。

四尝味道。取几粒大米放入口中细嚼，正常大米微甜，无异味。

另外，散装大米暴露在空气中销售，受环境气温、湿度等影响，保质期最短。建议大家尽量通过正规销售渠道，购买标签信息完整的袋装米，以小袋包装为宜。

13/

家中常备的挂面应该怎么选

选挂面时要看清食品标签再入手，以下 3 点要多注意：

主要看“钠”量

在挂面生产过程中会加入氯化钠（即食盐）与碳酸钠（食用碱），以提高挂面的筋道和延展性，同时让面条更加白亮，易熟好吃，并且有利于挂面保存。但如果挂面中钠含量过高，吃一碗煮挂面，即使一滴酱油都不放也相当于吃进了 3 克盐，而每人每天吃盐量不应超过 6 克。再加上拌面的各种调料，不知不觉中，盐的摄入量就会超标。所以，为避免每日摄入盐超标，买挂面应尽量选“钠”含量低的。

绿豆挂面别选带“精”字的

只要加上“精”字，磨成的粉已经丢失了大部分维生素及矿物质。有的配料表里甚至没有绿豆的影子。

“营养”挂面谨慎选

鸡蛋挂面添加的是经多道工序将蛋液干燥成的蛋黄粉，这样更易保存运输，但会损失鸡蛋中的部分营养成分，一般在挂面中的添加量在 5% ~ 8%，不会超过 10%。蔬菜挂面仅保留了蔬菜味道，蔬菜经过打汁、和面、干燥等过程，维生素类营养素流失较多，保留下来的大多只是蔬菜的味道和极少的营养物质。一些营养强化挂面是在生产过程中人为添加了钙、铁、锌等，如果标明了具体添加量，则可根据自身情况购买。但是一般饮食和营养基本均衡的人没有必要选择此类挂面。

14/

当心，你可能吃了假的“全谷物”

“全谷物就是粗粮吧？”估计很多人都会这样认为，但答案是否定的。“全谷”主要指未经精细化加工，或虽经碾磨、粉碎、压片等加工处理，仍保留了完整谷粒所具备的谷皮、糊粉层、胚乳、谷胚。目前较为公认的全谷物有小麦、大麦、水稻、燕麦、黑麦、玉米、高粱、小米。当全谷物原料占总谷物原料 51% 以上时可称为全谷物食品。

选购全谷物时，主要注意以下 3 点：

一是看外观，优质全谷物的外表应具有该产品特有的色泽，籽粒饱满、均匀，很少破碎，无虫，杂质率低。全谷物籽粒通常可以清晰地看到籽粒的外种皮与胚芽，全谷物粉的色泽通常会比精加工白面的色泽要深。

二是闻味道，选购无异味或霉变味的全谷物原料。

三是凭手感，选购摸上去不油腻无粉质，而且不易碎的全谷物原料。

购买全谷物食品最简单的方法是仔细察看食品配料表，以全麦面包为例：

首先，认准“100% 全谷物”标识。市场上售卖的“全麦面包”，如果仅标明是 100% 小麦面包或在配料表里只注明小麦的面包，并不是真正的全谷食物，大多仅含有一半的谷物成分，虽然口感好，但是选择全麦面包的意义不大。所以，购买时一定要看清楚食品标签，选择带有“100% 全谷物”标识的全麦面包。

其次，选成分简单的。市场上售卖的面包，有些含有人工色素、香料、氢化油（含有大量反式脂肪酸）以及防腐剂。大量的油脂、添加剂虽然可提升食物的味道，但是会增加心血管疾病的发生风险。因此，购买全麦面包时，成分越简单越好。

另外，在选购全麦面包时，还要格外重视其中的膳食纤维含量。

15/

如何鉴别真假黑木耳

黑木耳是著名的山珍，可药食两用。在中国百姓餐桌上有“素中之荤”之美誉。

然而，一些不法商家为了谋取利益，常在黑木耳中掺杂糖、盐、面粉、淀粉、石碱、明矾、硫酸镁、泥沙等物质。其掺假的方法是：将以上某物质用水化成糊状溶液，再将已发开的木耳放入浸泡，晒干，使以上这些物质粘浮在木耳上，以大大增加木耳的重量。有些假木耳，用的是化学药品，对人体健康是有害的。因此，在选购时要特别注意鉴别。

一看颜色 挑选时注意观察黑木耳的颜色，优质黑木耳的正反两面色泽不同，正面为灰黑色或灰褐色，反面为黑色或黑褐色，有光泽，肉厚、朵大，无杂质，无霉烂。劣质黑木耳朵小且薄，表面有白色或微黄色附着物，易粘朵结块。

二闻味道 优质黑木耳一般闻着无异味，尝时有清香味。劣质木耳闻时有酸味，尝时有酸、甜、咸、苦、涩味。若有这些味道，可能掺有工业用药。

三摸表面 优质黑木耳较轻、松散，表面平滑，脆而易断。假木耳较重，表面粗糙，掺入糖的黑木耳，手感黏、软。

四用水泡 优质黑木耳放入水中后，先漂在水面上，然后慢慢吸水，吸水量大，叶体肥厚，均匀悬浮在水中。假木耳放入水中后先沉底，然后慢慢吸水浮起，叶片较小，吸水量小，且有异味。

16/

北豆腐、南豆腐和日本豆腐，该怎么选

市场上北豆腐、南豆腐、日本豆腐、内酯豆腐等各种豆腐五花八门，应如何选择呢？

北豆腐又称卤水豆腐，它的成型剂是卤水，质地比较坚实，含水量低，一般为 80% 左右；南豆腐又称为石膏豆腐，顾名思义它的成型剂是石膏液，质地比较软嫩、细腻、含水量大，一般为 87% 左右；内酯豆腐又称日本豆腐，是用葡萄糖酸内酯作为凝固剂生产的豆腐，质地最为水嫩，含水量最高，一般为 89% 左右。除了工艺之外，3 种豆腐的蛋白质和钙含量以及能量也不完全一致。日常可根据膳食需求，选购适合自己的豆腐：若想靠豆腐补钙，就不要选内酯豆腐（日本豆腐）；若看中了豆腐的蛋白质，最好选择北豆腐。

不同加工工艺的豆腐均可通过配料表中的主要成分辨识：北豆腐的配料表中标有卤水（氯化钙或者氯化镁）；南豆腐的配料表中标有石膏；内酯豆腐（日本豆腐）的配料表中标有葡萄糖酸内酯。

豆腐属于大豆制品，中国居民膳食指南推荐每天吃大豆及坚果类 25 ~ 35 克。根据营养换算成 3 种豆腐的量大概为：北豆腐 87 克，南豆腐 168 克，内酯豆腐（日本豆腐）210 克。

17/ 怎样挑选新鲜安全的草莓

草莓中含有多种维生素和微量元素，特别是维生素 C 比一般水果如苹果、梨、葡萄、香蕉等都高，而且草莓中还含有大量果胶和纤维素，对促进胃肠蠕动、帮助消化、改善便秘等有帮助。那么，如何才能买到新鲜安全的草莓呢？

看颜色及表面

正常的草莓，表面的芝麻粒应该是金黄色、色泽红亮。切开后果肉都是呈粉红色，或因成熟度不够呈白色，但是颜色都是均匀的，不会红白界限非常分明。

如果草莓的局部红颜色过于深，而其他部分较为浅，颜色不均匀、光泽度差，在草莓的头部即草莓叶蒂部分的颜色青红分明的，可能是使用激素的原因。

看外形

一般正常的草莓个头比较小，呈比较规则的圆锥形。因此在选购的时候对于个头大的草莓、形状不规则草莓要慎选。另外，如果表面有白色物质不能清洗干净的草莓也不要选购，很多草莓往往在病斑部分有灰色或白色霉菌丝，发现这种病果切切不要食用。

品口感，闻气味

正常草莓口感较硬，果味浓。而激素草莓口感较软，味道很淡或比较奇怪，或草莓的味道特别重。

看是否有空

正常草莓果肉鲜红，很少有空腔。而激素草莓轻易就能掰开，果肉颜色发白，且空腔较多。

18/

挑选鱼时需要注意什么

不少人爱吃鱼，因为鱼类富含优质蛋白质，且脂肪含量低，颇受营养界推崇。但会挑鱼、会买鱼的人，却不见得多。买鱼常见的三大误区，值得你留意！

误区一：专挑个头大的鱼

俗话说："大鱼吃小鱼，小鱼吃小虾，小虾吃泥巴。"如果鱼太大，要么是处于生物链较高端，要么就是鱼的年龄较大。在食物链中的等级越高，鱼体内蓄积的有害物质就越多，吃进人体对健康的影响也越大。年纪比较大的鱼，可能富集了较多环境污染物，肉质也多半较粗糙。所以，购买野生鱼时不要总挑个头大的。另外，大部分鱼体内的污染物含量都是在安全范围内的，不用担心吃了大鱼一定有害健康，只要不经常吃即可。

误区二：野生鱼更健康

实际上，由于环境污染的存在和不确定性，野生鱼往往更容易富集一些意想不到的有毒物质。常见的有雪卡毒素、河豚毒素等，人一旦食用，很容易中毒，甚至危及生命。因此，建议大家不要一味迷恋野生鱼类。

误区三：速冻鱼没有营养

超市里常出售冷冻鱼类，但很多人认为它们营养价值低而不愿意购买。其实，只要是正规加工的速冻鱼类，营养价值并不比新鲜鱼差，也是可以放心食用的。当然，如果条件允许，还是推荐大家买活鱼，这样的鱼更新鲜、味道也好，产生致病菌、腐败有害物质的机会也比较少。

19/
怎样鉴别鱼是否新鲜

一看表皮

新鲜鱼：鱼皮表面有清洁透明的黏液层，鱼鳞紧贴鱼体、完整、有光泽、清洁、不易脱落。

不新鲜鱼：鱼皮表面灰暗无光泽，鱼鳞容易脱落，层次模糊不清，有的鳞片变色。

二看鱼鳃

新鲜鱼：鱼鳃鲜红而清洁，鳃盖紧闭。

不新鲜鱼：鱼鳃暗红。

三看鱼眼

新鲜鱼：眼球饱满突出，角膜光亮透明，黑白分明不浑浊。

不新鲜鱼：鱼眼下凹，浑浊。

四看体态

新鲜鱼：肉质紧密有弹性、指压凹陷消失快，特别是腹部的肌肉很硬实，不胀气，整条鱼放在手上不下垂。有些鱼如鲈鱼、乌鱼等，上市时为了保鲜而放入冰块，头尾往上翘，但仍是新鲜的。

不新鲜鱼：腹部松软，有时胀气；指压凹陷不消失，鱼放在手上头尾松软下垂。

五看水中浮沉

新鲜鱼：沉在水中。

不新鲜鱼：浮在水中。

贴心小提示

我们在鱼市购买鱼时，往往会碰到刚死的鱼，只要按照新鲜鱼的判断方法仔细观察，同样可以买到新鲜的鱼，而且在价格上还要便宜得多，不一定要买鲜活的鱼。

20/ 酸奶应该怎么选

市场上的酸奶分为酸乳、风味酸乳、发酵乳、风味发酵乳 4 种，它们之间有什么区别呢？

原味 VS 风味：原味是指没有添加除添加剂以外的其他物质；风味是指添加果蔬、谷物、改善口感的物质。

酸乳 VS 发酵乳：酸乳中只有 2 种菌发酵，即嗜热链球菌和保加利亚乳杆菌；发酵乳中则加入了 3 种及 3 种以上的益生菌发酵。但是，它们的营养价值并没有太大差别。

酸奶按储存方式分为低温酸奶和常温酸奶两大类。两者营养成分差别不大，最大的区别在于低温酸奶含有“活的乳酸菌”，需 2℃ ~ 6℃

保存；常温酸奶基本没有活菌，可常温保藏，调节胃肠道的功能微乎其微。商家所谓的老酸奶与酸奶相比，仅在制作工艺和口感上有差别，两者在营养价值上并无差别。另外，优酪乳是酸奶英文名字 Yoghourt 的音译名，并没有特殊之处；乳酸菌饮料虽然不如酸奶营养价值高，但其益生菌数量多，更适合调理肠道。

日常生活中如何选购酸奶呢?

看商品名称

如果名称中含有“饮料”或“饮品”等字样，说明这种所谓的“酸奶”只是一种饮料，而不是真正的酸奶，例如优酸乳饮料等。

看是否含有乳酸菌

可以通过包装上的配料表查看酸奶中是否含有保加利亚乳杆菌和嗜热链球菌两种不可缺少的乳酸菌。且所有益生菌数量要大于 1 亿（10^8）。

看蛋白质含量

选购酸奶时，要查看包装的食物营养成分表，我国关于乳品的规定要求，原味酸奶蛋白含量≥ 2.5%，风味酸奶蛋白含量≥ 2.3%。低于此标准的可能是饮料。

看乳含量

乳含量≥ 80% 的酸奶，蛋白质和钙含量较高。

21/

乳糖不耐受的人该怎么选牛奶

在缺乏乳糖酶的情况下，摄入的乳糖不能被消化吸收进血液，而是滞留在肠道，可引起肠鸣、腹胀、腹痛、排气等，过量的乳糖还会升高肠道内部的渗透压，阻止对水分的吸收而导致腹泻，有的人还会发生嗳气、恶心等，这些症状称为乳糖不耐受症。那么，如何在乳糖不耐受的情况下正确喝牛奶呢？

牛奶分次喝

乳糖不耐受的人可以尝试将 250 毫升左右的牛奶分成少量，多次饮用，之后的每一天逐渐加量，让身体慢慢适应牛奶。

牛奶改酸奶

酸奶由纯牛奶发酵而成，除保留了鲜牛奶的全部营养成分外，发酵乳中大约 20% ~ 30% 的乳糖被分解为乳酸和其他有机酸，而且在发酵过程中乳酸菌还可产生人体营养所必需的多种 B 族维生素。

选用舒化奶或去乳糖奶制品

乳糖不耐受的人还可以选用在牛奶中添加了乳糖酶的舒化奶或者去乳糖奶制品。值得注意的是，牛奶中的乳糖具有促进钙吸收的作用，除非对乳糖太过敏感，否则尽量不要选去乳糖奶制品。

用牛奶和面发馒头

在发酵的过程中，面团中的酵母菌可将牛奶中的乳糖分解，因而不会引起乳糖不耐受的问题。或者做成发糕，就像西餐里面的甜点蛋糕一样，虽然没有放大量糖，但也是特别松软，适合肠胃功能较差的人。

另外，对于不爱喝牛奶的孩子，可以用牛奶来蒸蛋羹，因为牛奶的营养比自来水丰富，蒸出来蛋羹口感也会更加滑嫩。

22/

买开心果，该选白色壳的还是棕色壳的

开心果，学名阿月浑子，原产于叙利亚、伊拉克、伊朗，在我国新疆亦有栽培，其富含维生素、矿物质和抗氧化元素，具有低脂肪、低卡路里、高纤维等特点，受到很多人的喜爱。开心果成熟以后会自然开口，天然开口的开心果外壳是浅棕色，果衣呈紫红色，果仁翠绿饱满。

开心果富含精氨酸，它不仅可以缓解动脉硬化的发生，有助于降低血脂，还能降低心脏病发作的风险，降低胆固醇，缓解急性精神压力反应等；开心果紫红色的果衣，含有花青素，这是一种天然抗氧化物质，而翠绿色的果仁中含有丰富的叶黄素，它不仅可以抗氧化，而且对保护视网膜也很有好处；开心果果仁含有维生素 E 等成分，有抗衰老的作用，能增强体质；由于开心果中含有丰富的油脂，因此有润肠通便的作用，有助于机体排毒。

每天吃 28 克开心果（约 49 颗），不仅不用担心发胖，还有助于控制体重，因为吃饱的感觉通常需要 20 分钟，吃开心果可以通过剥壳延长食用时间，让人产生饱腹感和满足感，从而帮助减少食量和控制体重。常食开心果益处这么多，那么日常应该如何选购呢?

建议在购买开心果时，不要光看“卖相”，只要是通过正规渠道买的开心果，就不要太在意外壳的颜色，比如大型超市、知名的连锁品牌零食店等。但是，如果在私人推车或者流动摊位买散装的开心果，则外壳颜色太白的开心果不宜购买。

23/

如何选购速冻食品

选购速冻食品时，我们应注意其储藏条件、包装、生产日期和保质期限等。如何才能买到最新鲜、更有营养的速冻食品呢？下面将介绍几个小窍门。

首先，由于速冻食品要求在 –18℃以下冷冻保存，而许多超市的冷柜是开放式的，很难达到要求的温度，这样会使食品的保质期缩短。所以在挑选速冻食品时，要先看冷冻设备是否良好，然后注意生产日期，尽量选择距生产日期时间短的食品。

其次，判断速冻食品是否质量完好也有小窍门。假如包装袋内有较多冰块和冰晶，则有可能是产品解冻后又冻结造成的，这种情况容易滋生细菌，影响食品质量。因此，购买速冻食品时应选择包装密封完好、包装袋内产品无黏结、破损和变形的产品，且包装袋内应无或仅有少量冰屑，食品冷冻坚硬。同时，还要注意包装袋内的产品是否呈自然色泽，若附有斑点或变色，则说明已变质。

再次，尽可能购买包装速冻食品。散装速冻食品虽然价格相对便宜，但容易受到污染，不符合食品卫生要求，且保质时间相对较短，若储藏条件不当，很容易变质，产品质量得不到保障。

最后，应注意购物顺序，最好在结算前再买速冻食品。因为速冻食品在超市的高温环境中，容易使细菌增长，也易造成营养素损失。此外，值得注意的是，速冻食品在速冻过程中并不能杀死细菌，只能抑制细菌的生长，所以速冻食物一定留到最后再买，并尽量缩短回家时间，最好做到现买现吃，不要回家后进行重复冷冻保存。

关于食品储存那些事

24/ 你了解常见食品的保质期吗

保质期是食品很重要的一个指标，只有在这个期限内，食品的质量才能得以保证。因此，了解生活中常见食品的保质期对于我们的健康饮食起着关键作用，有利于规避食用过期食品带来的不利影响。下面是一些常见食品的保质期（表 1）。

表1　常见食品的保质期

食物种类	保质期
谷物类	根据保存条件的不同为6到12个月，在高温潮湿的地区，保质期较短；在寒冷干燥的地区，保存时间可以大幅延长，如果保存得当，保质期甚至可以延长到2年
薯类	由于含水分较多，在自然条件下仅能保存1周左右，如果将其隔绝空气，避开潮湿的环境，则可以保存更长时间，保质期可以达到1个月左右。如果薯类有较小的部分发芽，彻底切除发芽部分后才可食用
水果	苹果和梨等水果的保鲜期一般可达到30天左右；葡萄的保鲜期为半个月左右；香蕉和桃子的保鲜期仅为1周；成熟期极短的樱桃往往摘下来1天就会变得不新鲜
蔬菜	常见的绿叶菜一般只能保存3～4天；西红柿可以放入冰箱保存10天左右；胡萝卜放入冰箱可保存1个月，普通萝卜去掉萝卜缨后放入冰箱可保存1周左右；冬瓜和南瓜在不切开的情况下可以保存很久，在温度较低的季节，保质期可达2个月，但是切开后保质期就会大幅缩短，仅为3天左右；藕应洗净后放入水中保存，在经常换水的情况下可保存1个月
肉类	鱼肉、鸡肉和猪肉等新鲜肉类买回家后最好在2天内立即食用，否则应采用冷冻、腌制等方法保存，可大幅延长保存时间。肉类做熟后如果不冷冻，食用时间最多不能超过1周
蛋类	通常鸡蛋的保质期为1个月，在炎热的夏季则只能保存半个月左右。超过保质期的鸡蛋风味会受到影响，营养成分也会有变化，甚至会被细菌侵入而腐败变质
奶制品	鲜奶的保质期为7天，开封后的保质期为3天；酸奶放在冰箱冷藏室可保存半个月，若是在夏季的室温中保存则不超过3天就会变质；奶酪的保质期一般为1年，开封后的奶酪可保存1～3周；奶油在常温下保质期只有1周左右，放入冰箱后保质期可延长至2个月；冰淇淋虽然放在冰箱中冷冻保存，但保质期只有1个月
酒类	一般听装和瓶装啤酒保质期为2～4个月；桶装鲜啤酒保质期为1周左右。黄酒由于酒精含量不是太高而且密封环境不够好，妥善保存的话可以保存1～3年。葡萄酒和白酒可保存数年，但是葡萄酒一旦开封，就很容易变质，仅可保存2～3天；白酒的酒精含量较高，不易变质，但如果保存时间过长且密封不好，则酒精会挥发，影响其品质

25/

冰箱是万能的“储物柜”吗

冰箱是日常生活中必不可少的食物储存工具，它创造的低温环境能够有效地抑制多数细菌繁殖，从而达到延长食物保存时间的效果。然而，并不是把食物放入冰箱保存就可以高枕无忧了，因为冰箱里还有一个隐藏杀手——李斯特菌。

李斯特菌在自然环境中广泛存在，被世界卫生组织列为四大食源性病原菌之一，它可能在从食物的原产地到厨房之间的任何一个环节对食物进行污染，经口传播是其主要的传播途径。迄今为止，虽然我国还没有感染该菌引起爆发性流行的报告，但其感染后的严重后果使我们不能忽视它的存在。

由该菌引起的疾病称为李斯特菌病，具有低发病率、高致死率的特点，病死率高达 20% ~ 30%，常见于孕妇、婴儿、老人和免疫低下人群。感染李斯特菌，轻则出现发烧、恶心、腹泻、出血性皮疹等，重则出现头痛、呼吸急促、痉挛、昏迷、败血症，甚至死亡。受感染的孕妇可能会流产，即使没有流产，胎儿健康也可能会受到影响。

因此，我们在日常生活中应严加防范，而防范的源头就是冰箱。李斯特菌可以在 0℃ ~ 45℃生存，在冷藏温度 4℃下仍能繁殖，即使在 −20℃的冷冻室也能存活，其对环境的耐受能力已超过的大多数细菌。由于李斯特菌低温增值的特性，放在冰箱中尤其是冷藏室中保存的食物很容易达到使人感染的菌量。所以，如果过于相信冰箱保存食物的能力，直接食用从冰箱拿出的食物，就有可能感染冰箱无法对付的李斯特菌。

那么，我们该如何避免这一潜藏的危害呢？其实方法很简单，李斯特菌有一个致命的弱点——对热的抵抗力很弱，利用巴氏灭菌、烧熟煮透等一些简单的措施就能让它威风不再。因此，食用放在冰箱中保存的食物前一定要记得加热。免疫力低下的人群要尽量避免食用冰淇淋等不能加热的食物。另外，还要记得定期清理冰箱保持冰箱清洁。

26/

能用塑料袋包裹蔬菜放进冰箱冷藏吗

如今，塑料袋已经成为我们买菜时不可或缺的标准配置。有时买的菜并不能一顿吃完，剩下的需要放入冰箱来延长保存时间，以便日后食用。那么，能否直接用塑料袋包裹蔬菜放进冰箱冷藏呢?

这个问题的答案其实与塑料袋的种类有关。塑料袋可以简单地分为安全和有毒两类。“安全”塑料袋（如食品保鲜膜、超市食品包装袋）是用聚乙烯薄膜制成，无毒。“有毒”塑料袋（如日用品包装袋、摊位上颜色特别深的塑料袋）又可分为两种：第一种是用聚氯乙烯制成的，聚氯乙烯本身无毒性，但根据薄膜的用途所加入的添加剂往往是对人体有害的物质，如增塑剂、稳定剂；第二种是再生塑料制品，利用垃圾站收拣的废旧塑料、工业废弃物和医疗机构丢弃的塑料垃圾回收加工制成，含有各种病毒、细菌和致癌物，这种塑料袋受热可能会产生聚二苯、聚三苯等致癌物质，从而对人体产生危害。

因此，可以肯定是，不能用“有毒”塑料袋包裹任何食品。但是，安全塑料袋包装食品到底有没有危害？这个问题只能具体情况具体分析。

大型商场中已标明可以包装食品的塑料袋是可以放心使用的。请大家尽量用原本的包装袋来盛放食品，不要串用。小店提供的塑料袋请谨慎选择。另外，**包裹蔬菜放入冰箱时最好使用保鲜膜，同时还要注意贮存的时间不能过长**。因为蔬菜本身的呼吸作用会导致大量的营养成分的消耗和腐烂变质现象的发生。

27/

太热的食物能直接放入冰箱吗

太热的食物能直接放入冰箱吗？在炎热的夏季，饭后面对仍然冒着热气的食物，你也许产生过这个疑问。或是在食物过热而无法直接入口时，有人会产生“将食物直接放到冰箱快速降温”的念头，相信也有人试过这样做。这种做法到底会对冰箱的性能和储存效果产生哪些影响呢？

过热的食物对冰箱的影响主要体现在以下两个方面。

首先，由于冰箱内部为低温环境，如果是出于降温的目的将热的食物放入冰箱冷冻室，食物与环境温度间会形成较大的温差，使食物中的水分蒸发速度加快，大量蒸发的水分将凝固在冰箱的蒸发器上。而蒸发器是冰箱制冷系统的一个重要的热交换部件，它是制冷装置中输出冷量的设备，主要是进行“吸热”的。凝固在蒸发器上的水分会形成一层较厚的霜层，阻碍蒸发器将冰箱内部热量带走的过程，进而影响制冷效果。如果温控传感器也被霜层包住的话，则冰箱内部的温度将得不到有效的监控，压缩机就会停止工作。压缩机是制冷系统的“心脏”，停止工作后，制冷过程也会停止，从而对冰箱的正常工作产生极大的影响。因此，当冰箱内部冰层过厚时，往往需要人工去除冰层，使压缩机正常运行。

其次，熟食一般是放在冰箱的冷藏室短期保存的，如果过热的食物立即放入冷藏室同样会产生不好的后果。因为当将过热的饭菜放入冰箱时，冰箱冷藏室的温度会迅速升高，从而加重冰箱的制冷负担，再加上冷藏室的制冷能力有限，很容易使冷藏室的温度较长时间处于温度较高的状态，导致冰箱的低温冷藏存储条件被破坏，进而还会对冷藏室里其他食物的储存产生不利影响。

那么，太热的食物应该如何放入冰箱储存呢？

（1）需要放入冷冻室的食物应密封好，防止水分蒸发结霜影响冰箱正常工作。

（2）大份的食物应该分装为多个小份从而加快散热。

（3）多余的热菜应该在食用前就分出来单独保存，待温度降低后放入冰箱，避免食用过程中的污染。

28/

怎样储存大米可防生虫霉变

大米是我们日常生活中最重要的主食之一，也是米制食品的主要原料。其特性决定了它不易长期保存。因此，家庭储存大米要放在阴凉、通风、干燥处，避免高温、光照。

用容器（米桶或米缸）装米时，先烘干、消毒容器。大米买回后，装进米桶或米缸把盖盖好，放在离地面一尺高的干燥、通风之处，食用时先吃先买的米，后吃后买的米，防止霉变、鼠、虫等污染。另外，盛夏季节，为防止大米受潮霉变生虫，可在盛米容器内放几片螃蟹壳或甲鱼壳、大蒜头。如米已生虫应先清除米虫，然后将花椒和茴香用纱布包好放在大米表面。

一到夏天，总有人把大米拿出来曝晒，以为这样可防虫驱虫，但实际上这种做法不仅无效，还严重降低了大米的食用品质。因为大米本身有较强的吸温能力，放在太阳下曝晒会使米粒内的水分迅速失去平衡，从而丧失原有的吸湿性质，有些颗粒完整的大米会变成碎米，这样大米（特别是碎米）不仅食用品质会因此大打折扣，而且再放回潮湿的环境更容易受潮、霉变和生虫。

若要保留新米的口感和品质，可将大米储存在低温环境中，如保存在冰箱中就是比较好的方法，这样可以降低大米油脂氧化和米虫的滋生。但要注意，大米放进冰箱后就不能再常温存放了。因为，温度变化会令大米表面吸附水分，变得潮湿，从而容易变质。如厨房的温度相对较高，则建议家里不要一次囤积太多大米。

29/

怎样储存面粉可防结块生虫

小麦金黄饱满的麦穗象征着蓬勃的生命力，经过层层筛选，细细研磨后，小麦就变成了细腻亮白的面粉。面粉虽然丧失了生命力，但它的“生命活动”仍然不会停止。所以，在漫长的储存过程中，面粉会悄悄地发生变化，如果没有妥善保存，再次打开口袋时，你会大吃一惊！

我们先来探寻一下面粉恶化的原因：

面粉发热 当面粉水分超过 14%，温度高于 20℃时，就会因粉垛内部气体代谢的增强而引起发热。面粉发热后，如不及时散热，易使微生物繁殖，粉温进一步升高。

面粉结块 在储存过程中，粉垛下层的面粉易压实结块，再加上面粉吸湿性强，所以储存时间越长，面粉水分越大，结块现象就越严重。水分不超过 12% 的面粉一般不会结块。温度不超过 35℃时，水分为 13% ~ 14% 的面粉可储存 3 ~ 5 个月。当水分超过 15% 时，温度一旦达到 20℃，面粉很快就会发热霉变。结块面粉如未霉变，不会影响其品质，经过松散后，仍可正常使用。

面粉生霉 面粉的霉变常常伴随结块。霉变结块的面粉常不易松散，而且愈干愈硬结，并有霉味，面粉颜色变暗变黑，酸度增大。当面粉水分超过 13%，粉温升至 20℃时，粉中微生物能迅速繁殖，使面粉生霉。侵犯面粉的霉菌多属于好氧性强的菌类，所以，生霉一般从靠近口袋接触空气的地方开始，然后向内蔓延，速度相对较慢。最终出现面袋外面长出菌丝，形成菌落。袋内由于水分大，在霉菌发展的同时会发生结块成团的现象。

面粉酸败变苦 面粉在储存过程中，由于原粮品质低劣、氧化作用、高温、高湿、日光照射等原因，随着脂肪的分解，氧化游离脂肪酸的增加，酸度变大，导致面粉酸败变苦。

那么，该怎样保存和处理面粉呢？

面粉的保存方法 尽量购买小包面粉，尤其在夏季。面粉开袋后尽快食用，未吃完的放置于阴凉、通风、干燥处，存放温度不应超过 20℃。具体做法是利用密封塑料袋让面粉与空气隔绝，然后，放入用小布袋包好的花椒粒。若短期内不食用，放在冰箱冷冻室里保存。

面粉结块、生虫、酸败变苦的处理方法 在弱阳光下晒 1 小时，换一个面袋，用筛子分出洁净面粉，把结块面粉搓散，待摊晾干时，装入密闭的容器中。如果是酸败变苦的面粉就不要食用了。

30/

冬季应怎样储存蔬菜

蔬菜是我们日常生活中必不可少的食物，在寒冷的冬季，一般家庭往往需要囤积一些蔬菜过冬，蔬菜的保存就成了难题。事实上，对于不同种类的蔬菜，应采取不同的保存方法。

根菜类和茎菜类

这两类蔬菜比较相似，最佳保存环境是在阴凉处，可存放 1 周左右，不适合冷藏。表皮较硬、较厚的蔬菜如萝卜、莲藕、土豆等放在阴凉处即可，放入冰箱反而易腐烂、发芽。常温下各种根茎类蔬菜保存也各不相同，如带泥土的葱、胡萝卜等，可埋进花盆泥土中，露出叶子;土豆、洋葱、蒜等不清洗，直接放入网袋或是有透气孔的胶袋中，放在阴暗处即可。

叶菜类

最佳保存温度是 0℃ ~ 4℃，可存放两天。温度最好不要低于 0℃ 以保留其水分，同时又要避免叶片腐烂。保存时如带包装，就原封放入冰箱。散卖的蔬菜需先清除泥垢和变坏的部分，然后放入保鲜袋扎紧，并在袋子上扎几个小孔。如果蔬菜上有水滴，先要把蔬菜放在通风口处略微吹干或擦掉水滴。

花菜类

花菜最佳的存放温度为 0℃，约可储存 3 ~ 4 周，湿度最好保持在 95%RH（相对湿度）以上。花菜以保鲜膜包裹，失水较少，但若储存温度略高，表面易生黑色霉点。因此，于较高温度储存时，不包保鲜膜较好；然而于低温储存时，不包保鲜膜者因失水较多，储存品质会远比包保鲜膜者差。

果菜类

最佳保存温度是 10℃左右，最好不要低于 8℃，在此温度条件下可存放 1 周左右。瓜果类蔬菜保存时比较简单，一般用保鲜袋或者塑料袋密封包装后冷藏就可以了，但要注意的是，这类果实对温度的要求比较高，不能太冷，以免冻伤，失去原有的风味。

表2　常见蔬菜储存方法一览表

常见蔬菜		储存方法
根菜类和茎菜类	鲜姜	放入塑料袋中，放于11℃～14℃的低温中储存。也可洗净晾干，放入盐罐中，或将姜去皮，放一点白酒或黄酒密封起来，这样不但保鲜，而且浸姜的酒也能饮用
	土豆	适宜低温保存，低于0℃容易冻坏，高于5℃时又容易发芽，所以贮藏土豆要注意温度。可以将新鲜的土豆放入一个干净的纸箱，同时放入4～5个绿苹果即可
叶菜类	芹菜	将新鲜整齐的西芹或芹菜捆好，用保鲜袋或保鲜膜将茎叶部分包严，然后将其根部朝下竖直放入清水盆中，可以保持1周内不黄不蔫。或将芹菜叶摘除，用清水洗净后切成大段，整齐地放入饭盒或干净的保鲜袋中，封好盒盖或袋口，放入冰箱冷藏室，随吃随取
	圆白菜	切开两半，从外面一片一片摘下食用，剩下的部分放入保鲜袋再置于冰箱内
	生菜	将菜心摘除，然后将沾湿的纸巾塞入菜心处让生菜吸收水分，等纸巾较干时，将生菜放入保鲜区中冷藏
花菜类	花菜	花菜最佳的存放温度为0℃，约可储存3～4周，湿度最好保持在95%RH以上。较高温度储存时，不宜包保鲜膜；低温储存时，宜包保鲜膜
果菜类	黄瓜	冷藏保存前不要清洗，并需将黄瓜表面水分擦去，放入密封保鲜袋中，封好冷藏，大约可保存10天。如果想保存更久，将黄瓜洗净后，浸泡在盛有稀释盐水的容器中，常温下可保鲜20天
	豆类	最佳保存温度是10℃左右，最好不要低于8℃，在此温度下可存放5～7天。10℃左右时通常直接放在保鲜袋中冷藏能保存5～7天，但放久了会出现咖啡色的斑点，有碍美观。如果想保存更久，最好洗净后用盐水烫并沥干水分，再放入冰箱中冷冻

31/

大包装的牛奶开封后该怎么保存

一般来说，越是大包装的牛奶越划算，家庭装的牛奶大都比小盒装的经济实惠。可是问题来了,大包装的牛奶开封后通常很难一次喝完，那么喝剩下的牛奶该怎么保存呢?

牛奶虽是个真实的“白富美”（白嫩、富含营养、美容），可是它也是个“见光死”，即不能暴露在阳光直射中，否则其中的维生素 B 等营养元素就会很快消失。因此不管是运输还是售卖，牛奶都需要被谨慎地保存在避光阴凉的环境下。

牛奶变质的原因在于微生物和酶的催化作用，这些作用的强弱与温度紧密相关。而牛奶放冰箱里保存可以拖一拖微生物生长的“后腿”，让它没那么快使牛奶变质。因此，放冰箱保存牛奶虽然是个好法子，但也不是一劳永逸的方法，可不能把牛奶放进去以后就一直不管了，时间一长，牛奶还是会变质的。

同时，牛奶要放冷藏室而不是冷冻室，因为当牛奶结冰再融化后，它本身含有的蛋白质、脂肪会发生分离，先不论营养好不好，但真的会变得很不好喝。

另外，需要注意的是，牛奶在放进冰箱前，要盖紧盖子，密封保存，避免它和冰箱里的烤鸡、榨菜等串味;也不要与其他物品过分挤压，小心牛奶的纸包装发皱挤破，流得满冰箱都是；如果喜欢把牛奶倒进杯子里喝，杯子里喝不完的牛奶可别重新再倒回原包装袋里，以防止细菌溜进去。

32/

如何让鸡蛋保鲜时间更长

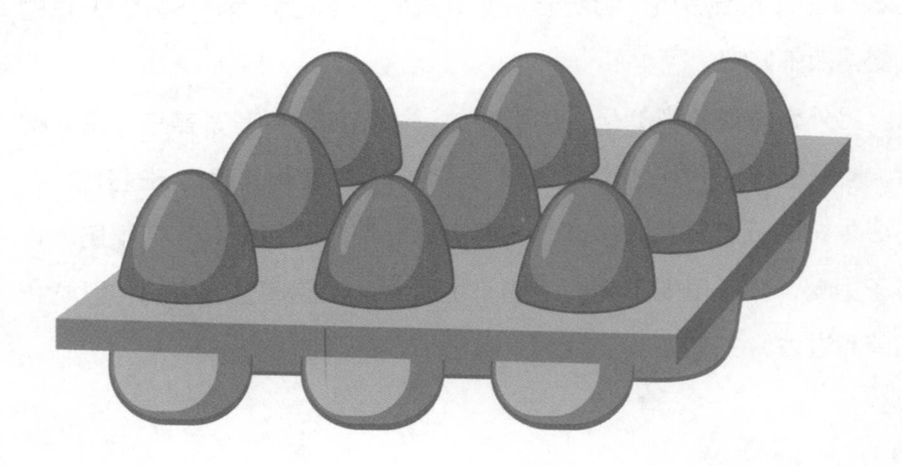

（1）买来的鸡蛋最好用保鲜薄膜或油光纸包起来，放入冰箱，这样保鲜时间更长。

（2）用湿布把鸡蛋擦一遍，大头朝上放入冰箱，这样也能保鲜较长时间。

（3）炎热季节，把鸡蛋放在盐里埋起来，可保存较长时间不坏。

（4）鸡蛋不宜与姜、洋葱放在一起，否则会很快变质。

（5）将鸡蛋埋藏在黄豆、赤豆等杂粮中，可保鲜较长时间不变质。

（6）在容器底部铺干燥、干净的谷糠，放一层蛋铺一层糠，装满后用牛皮纸封口，存放阴凉通风处，可保鲜数月。如无糠，也可以用松木锯末或草木灰替代。每 20 天或 1 个月翻动检查 1 次。

（7）在鲜鸡蛋上涂上菜油、棉籽油或花生油等植物油脂，贮藏期可达 30 余天。此法适宜于气温在 25℃ ~ 32℃时采用。

（8）将无损伤的鲜蛋放入清洁容器内，倒入 2% ~ 3% 浓度的石灰水，水高出蛋面 20 ~ 25 厘米，可保鲜 3 ~ 4 个月。夏季应放于阴凉通风处，冬季以不结冰为宜。还可将蛋放入 5% 左右的石灰水中浸泡半小时，捞出晒干，放入缸或罐中存放，也可保鲜 2 ~ 3 个月。

33/

饭菜做多了，该怎样处理剩余食物

正餐没吃完的食物，我们通常会放入冰箱，避免浪费，但是长时间这样存放可能会引发健康问题。想要节约又想要健康，看看我们应该做些什么吧。

宁剩荤不剩素

清炒素菜一般不宜留到第二顿，特别是绿叶蔬菜。因为吃剩的素菜，一方面会变得不新鲜，营养成分也会大量流失；另一方面，在细菌的作用下，蔬菜内硝酸盐会被还原成亚硝酸盐，然后与胺合成亚硝胺，而亚硝胺是一种强致癌物。

入冰箱冷藏

由于淀粉类、肉类等食物容易被金黄色葡萄球菌“盯上”，这类细菌在高温加热之下也不宜分解，而且在外观上很难看出是否变质。所以年糕、糕点和主食最好冷冻保存，或是尽快吃光。

放凉再入冰箱

热的食物突然放入低温环境，会产生大量水蒸气，使食物本身和冰箱的湿度都会大大增加，而高湿度的环境特别利于霉菌生长，导致食物变质。因此，建议将剩余食物放凉后再放进冰箱保存。

冰箱内食物须回锅

通常，冰箱只有抑制细菌繁殖的作用，并不具有杀菌的作用，经过长时间的存放，食物中的细菌早不知道翻了多少个数量级。因此，如果食用前没有彻底加热，容易造成痢疾和腹泻。

保存时间不宜过长

冰箱可不等于“保险箱”，剩饭剩菜放入冰箱保鲜时间不应太长。因为通过加热只能够杀灭细菌等病原微生物，却无法去除它们释放的化学性有毒物质，小量的这些物质对我们的身体并没有太大的影响，但大量的有毒物质可能会危害我们的身体健康。因此，对于剩余饭菜的保存时间，建议一般“荤两天，素一天，鱼虾蟹，不隔夜”。

34/

外出就餐时，哪些食品不适合打包

勤俭节约是中华民族的传统美德，加之现代社会人们的物质生活在不断提高，因而外出就餐时难免会出现吃不完的情况，扔掉自然不可取，打包回家似乎成为大家心照不宣的选择。但是，你知道吗，并不是所有的食品都适合打包！

首先，蔬菜是不适合打包的。蔬菜的营养价值很大一部分体现在维生素上，在反复的加工加热过程中，维生素会被分解破坏，营养价值降低。同时，煮熟的蔬菜在长时间放置之后，亚硝酸盐含量会显著上升。大量食用亚硝酸盐含量较高的蔬菜可能会使血中亚硝酸盐含量增多进而导致中毒。另外，亚硝酸盐能与食物中的胺类物质发生反应，生成亚硝胺和亚酰胺类物质，增加患癌的风险。

其次，凉菜也不适合打包。为方便入味，凉拌菜一般都是事先拌好的，在上菜之前就已经放置了一段时间，容易沾染上细菌，而且凉菜也不适合重新加热，因此并不适合打包。

那么，对于打包回家的食品应该如何存放和食用呢？

首先，我们需要将食品放置在干净、密封的容器中，不同类别的食物分开存放。待其冷却后，再放入冰箱。其次，打包回家的食物不宜久放，要尽早食用。此外，食用前必须彻底加热，还可以适当加上一些杀菌的佐料，如打包回来的海鲜类食物在加热时可以加一些葱、姜、蒜等佐料，这样不仅可以提鲜，而且还具有一定的杀菌作用，避免引起肠胃不适。

35/

能用报纸、广告纸等印刷品包装食品吗

清晨，漫步街头，驻足于冒着腾腾热气的早餐摊贩前，老板麻利地从锅中夹起一个油饼，放在一张被裁得整整齐齐的报纸或广告纸上。然后你享受着丝丝美味，满足不已。殊不知，这一街头美味的包装方式却潜藏着种种“杀机”。

报纸、广告纸等印刷品成本低廉，虽然包起食物方便快捷，还能吸走食物中的油脂，防止食物把手弄脏，但它们的危害是不容忽视的。

首先，报纸、广告纸都是经多人传阅，用手反复摩挲过的，它上面附有大量的细菌、病毒等。吃用这些纸张包裹的食物，可以说是“引狼入室”了，很有可能会被感染，患上各种莫名其妙的疾病。

其次，部分有机溶剂是油墨留在印刷品中的有害成分之一，它们会损害人体及皮下脂肪，长期接触会令皮肤干裂、粗糙。如果渗入皮肤或血管，会随血液危及人的血细胞及损害造血功能。例如，多氯联苯是一种无色或淡黄色的黏稠液体，对人类皮肤、牙齿、神经行为、免疫功能、肝脏有影响，属于一类致癌物。人们用报纸直接包裹食品后，它就会渗到食品上随食物进入人体，当人体内多氯联苯的含量达到 0.5 ~ 2g 时就会引发中毒反应。

最后，部分颜料中的铅、铬、镉、汞等重金属元素也是留在印刷品中的危害主力军。例如，铅的性质稳定、不可降解，可阻碍血细胞形成。当人体内铅积累到一定程度，就会出现精神障碍、噩梦、失眠、头痛等慢性中毒症状，严重者会出现乏力、食欲不振、恶心、腹胀、腹痛、腹泻等。铅还可通过血液进入脑组织，造成脑损伤。有研究发现，儿童对铅的吸收率比成人高出几倍。在很低的浓度下，铅的慢性长期健康效应表现为影响大脑和神经系统。

由此可见，经常用废弃报纸或广告纸包装食品，不仅容易发生微生物感染，还会有有害物质日积月累的危害。因此，为了我们的健康，要对使用废弃报纸或广告纸包装食品的摊贩说不！

36/

冷冻食品也要看保质期吗

冷冻能防止食品腐败变味，但是如果吃了超过保质期的冷冻食品，则不仅缺乏味道和营养价值，而且会影响身体健康。因此，**冷冻食品也要看保质期**。

一般家庭冰箱的冷冻室温度在 –18℃左右，在这个温度下，一般细菌都会被抑制或杀死，因而冷冻保存食品有更好的保鲜作用。但是，冷冻并不等于能完全杀菌，一些抗冻能力较强的细菌仍然会存活下来。若冰箱长期不消毒，反而会成为一些细菌的“温床”。

对于市场上销售的冷冻食品，其包装上都有明确的保质期，故应在食品上标注的保质期范围内食用。而考虑到商品在运输、售卖和买回家的过程中，温度可能达不到很好的冷冻要求，所以能保证食品安全和完好风味的最佳时期往往短于包装上面标注的保质期。另外，食品买回家拆袋之后，也会导致更多的细菌附着在食品表面，**故拆袋后应尽快食用完毕**。

对于非商品售卖的没有完整包装的冷冻食品，由于其往往缺少清洗、除菌等前期处理，所以保质期会更短一些。一般来说，经过前期处理的猪、牛、羊肉的保质期为 10 ～ 12 个月，鸡、鸭等禽肉类的保质期为 8 ～ 10 个月，海鲜、河鲜类的保质期一般为半年左右，少部分蔬菜如玉米、板栗、豆类的保质期为 5 个月左右，饺子、包子、汤圆、馄饨等速冻主食最好能在 1 ～ 2 个月内吃完。此外，还需要注意切碎的肉的保质时间应更短些。

37/ 如何冻存和化冻鱼肉更能保持鲜美

逢年过节，我们会采购许多鸡鸭鱼肉冻存起来分次食用，但冻过之后的鱼味道总不如鲜鱼鲜美，鱼肉的口感也会差一些。其实，只要掌握一些冻存和化冻的方法，就能更好地保持鱼肉特有的鲜美味道和鲜嫩口感。

冻结的过程，一定要快。因为速冻所产生的冰晶细小，不会刺破细胞，化冻的时候就不会流出很多汁液，鱼肉的口感和风味自然会比较好。为了提高冷却的速度，让肉类尽快冻结，冻之前可以把肉切成较薄的片（约2厘米厚即可），平铺在冰箱速冻格中，快速冷冻，冻硬后再放入冷冻盒。

化冻的过程，一定要慢。将冷冻鱼放在冷藏室中解冻，是最理想的方法。前一天晚上将鱼肉从冷冻室取出，放入保鲜盒或保鲜袋，然后放在冰箱冷藏室下层。这样，鱼肉不会马上从外面融化，而是在冰冻状态下整体升温，化冻均匀。化冻之后因为温度仍然在0℃附近，故不会滋生大量微生物。同时这样没有含氮物的溶水流失问题，蛋白质在低温下也能保持柔嫩的状态。

此外，如果来不及放入冷藏室解冻，置于冷流动水（低于21℃以下）或使用微波炉解冻也是较为合理的选择。微波炉通过让水分子升温的原理由内而外加热食物，对肉的细胞结构破坏较小。不过微波炉的档位和解冻时间需要多次尝试，化冻并不是使肉彻底变软，而是让用刀切得动的部分处于冻结状态即可。

食材处理有技巧

38/

米要多淘久泡吗

淘米虽然简单，但这里面也是有一定科学性的。很多人认为，米要多淘久泡。但事实上，这种做法是错误的。

大米不宜多淘，因为米中含有一些溶于水的维生素和无机盐，而且其很大一部分在米粒的外层，多淘或用力搓洗、过度搅拌会使米粒表层的营养素大量随水流失掉。同时，米也不宜久泡。如果淘洗之前久泡，米粒中的无机盐和可溶性维生素会有一部分溶于水中，再经淘洗，则损失更大。

在淘米过程中，维生素 B_1 损失率可达 40% ~ 60%，维生素 B_2 和维生素 B_3 损失率可达 23% ~ 25%，蛋白质、脂肪、糖等也会有不同程度的损失。除此之外，米久泡之后还容易粉碎。

因此，淘米时应注意如下几点：

（1）用凉水淘洗，不要用流水或热水淘洗。

（2）用水量、淘洗次数要尽量减少，以去除泥沙为度。

（3）不要用力搓洗和过度搅拌。

（4）淘米前后均不应浸泡，淘米后如果已经浸泡，应将浸泡的米水和米一同下锅煮饭。

39/

米饭怎么吃更健康

米饭是我们经常食用的主食之一，是能量的主要来源，还能提供一些膳食纤维和 B 族维生素。不同的烹调方法会对米饭中的营养成分有一定的影响。那么，米饭怎么吃才更健康呢?

首先，米不宜过于精细，煮饭时不要过度淘洗，用开水而不是冷水煮饭可缩短加热时间。

其次，蒸煮米饭时，加入一定比例的粗杂粮，如紫米、红米、玉米、红豆、绿豆、花生、燕麦等，既丰富了主食的色泽和香味，还增加了食物中的维生素和矿物质，补充了大米中缺少的一些必需氨基酸。杂粮中丰富的纤维素还可以减慢食物在胃肠道中的消化吸收，减缓餐后血糖升高，有利于身体健康。

最后，煮稀饭时不要加碱，尽量不要煮得过于稀烂或反复加热，因为高温和碱都会破坏大米中的 B 族维生素。

40/ 怎样烹调面食更营养

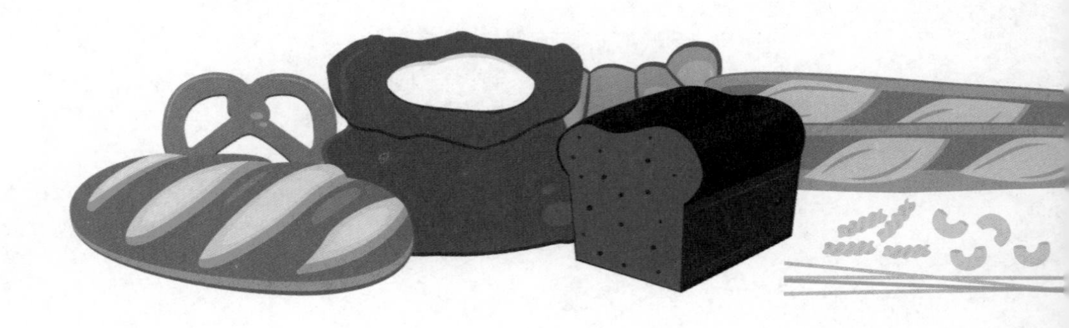

我们吃米饭时通常会搭配一些蔬菜、肉类、蛋类等烹制的“下饭菜”，而吃面食时食材就相对比较单一，这会导致食物来源不够丰富，营养不均衡。因此，做面食时应多增加些配菜，让摄入的营养丰富均衡。

在面食的多种烹调方式中，蒸、煮的方式使营养素的损失相对较少。

煮面条或水饺等时，水溶性维生素溶解在汤中，可同时喝一些面汤。

油炸面团时，高温会破坏面团中的 B 族维生素，故应避免长时间高温煎炸。

发酵面团时，往面团中加小苏打，也会破坏面团中的 B 族维生素，故最好使用鲜酵母发面。另外，制作馒头或者油条时，不宜加入过多的膨松剂，如果添加量太大，就会造成铝元素超标，伤害人体中枢神经，增加患老年痴呆的风险。

在制作面团时，可以加入一些黄豆粉、麦麸，强化面制品中的 B 族维生素和钙，可以降低胆固醇，故偶尔吃一些杂粮面食，更有利于身体健康。

41/

发面时怎样判断碱的量是否合适

日常生活中，在做馒头、花卷等主食之前，常常需要发面，在面团中加入适量的碱液，揉匀。那么，怎样判断碱放得是否合适呢？

一拍 用手拍面团，如果听到“嘭嘭”声，说明酸碱度合适；如果听到“空空”声，说明碱放少了；如果发出“吧嗒、吧嗒”的声音，说明碱放多了。

二看 切开面团，如切面有分布均匀的芝麻粒大小的孔，说明碱放得合适；如果出现的孔小，呈细长条形，面团颜色发黄，说明碱放多了；如果出现不均匀的大孔，面团颜色发暗，说明碱放少了。

三嗅 拿起面团嗅一下味道，如有酸味，说明碱放少了；如有碱味，说明碱放多了；如只闻到面团的香味，则说明碱放得正合适

四抓 手抓面团，如面团发沉，无弹性，说明碱放多了；如面团既不发黏，也不发沉，而且有一定弹性，说明碱正好。

五尝 揪下一点揉好碱液的面团放入口中尝味，如有酸味，说明碱放少了；如有碱涩味，说明碱放多了；如果觉得有甜味，则说明碱放得合适。

42/ 怎么蒸馒头才不塌

馒头是一种常见的面食，深受国人的喜爱。但是在家中制作馒头的过程中，经常会出现馒头塌陷的情况，那么怎样蒸出的馒头才不塌呢？

导致馒头塌陷的原因有很多，我们先从原材料说起吧。面筋含量低或者面筋、酵母质量差，很可能会导致后期做出的馒头不尽人意，选择质量较好的原材料是保证馒头不塌的首要条件。

其次，和面时要把握好面粉与温水的比例，使面团的软硬程度合适，太软的面团较易塌陷。

接下来，面团的醒发是至关重要的步骤。面团放在温暖的地方发至 2 倍大左右，用手指按下面团不回弹，面团内部呈蜂窝状，则醒发基本完成。面团发好后一定要经过反复揉搓，将面团内部的气体排净，使酵母分布更均匀，让酵母吸入新鲜空气，再进行二次发酵，这样面团发酵得会更充分。

选购合适的蒸锅对蒸制蓬松的馒头也起着至关重要的作用。锅盖最好有一定的弧度，这样锅盖顶部的水珠可以流向四周，锅盖和笼屉不积水，就不会出现锅盖上水蒸气形成的水珠滴到馒头胚上，造成馒头塌陷。

馒头蒸好关火后，不要马上开盖，一定要焖制 5 分钟后再打开锅盖。因为热乎乎的馒头遇冷会回缩，易导致馒头塌陷。

43/

煮粥时放碱好吗

日常生活中，很多人在煮粥时，为了追求其口感发黏好吃，通常会有放碱的习惯。那么，煮粥时放入碱好吗？

事实上，这种做法会使米中的营养成分大量流失，不利于身体健康。因为米中一些营养成分，如维生素 B_1、维生素 B_2 和维生素 C 等都是喜酸怕碱的。

维生素 B_1 是人体能量代谢的必需物质，具有促进生长发育，帮助消化，改善精神状况，维持神经组织、肌肉、心脏正常活动等功效。而大米和面粉中就含有较多的维生素 B_1。有研究显示，在 400 克米里加 0.06 克碱熬成的粥，有 56% 的维生素 B_1 被破坏。因此，如果经常吃这种加碱煮成的粥，就会因缺乏维生素 B_1 而发生脚气病、消化不良、心跳、无力或浮肿等。

维生素 B_2 具有促进发育，促使皮肤、指甲、毛发的正常生长，增进视力，减轻视疲劳，影响人体对铁的吸收等作用。正常成人每天只要吃 150 ~ 200 克大豆，就可以满足身体对维生素 B_2 的需要了。而豆子中就含有丰富的维生素 B_2。豆子不易煮烂，放碱后虽然会让豆子软得快，但这样会使维生素 B_2 几乎全部被破坏。若人体缺乏维生素 B_2，则容易引起口腔、唇、皮肤、生殖器的炎症和功能障碍等，不利于身体健康。

44/ 怎样洗掉果蔬上的农药残留

果蔬的种植与多种农药息息相关，对于消费者来说，有哪些方法可以去除“可能存在”的果蔬上面的农药残留呢？

有研究发现，焯水、去皮、油炸、清洗（并结合其他处理方法）是去除农药残留最有效的几种途径。并且，研究结果显示，使用自来水、洗涤灵以及一些专门的“果蔬清洗剂”等不同方法来清洗，都能显著降低农药残留，不过这些专门的果蔬清洗剂与清水没有区别。果蔬上的农药是否容易被洗掉，与其溶解性关系很小，主要是被清洗时的机械运动所去除的。因此，研究建议，在自来水下冲洗 30 秒以上，伴随着搓洗，可以有效去除果蔬上的农药残留。

另外，还有人喜欢用酸水、碱水或者盐水来浸泡果蔬。这些方式对于某些果蔬上的农药是有效的，如一项研究将青椒浸泡于 2% 盐水中 10 分钟后清洗，可以去除 80% 以上的农药残留。

但需要注意的是，清洗能够去除表面的农药，而对于渗入皮内的农药就无能为力了。一般而言，渗入的部分主要分布在表皮内，所以去皮是很有效的手段，如土豆，去皮可以去掉 70% 以上的残留农药。

总而言之，**去除果蔬农药残留的“三板斧”是清洗、去皮、烹饪**。如果仍然担心，则尽量多样化选择果蔬也会有一定的帮助。因为不同的果蔬使用的农药不同，多样化选择可以减少每种农药的摄入量，而这些不同的农药不一定会产生累加危害，这样也就有助于减少“万一存在的风险”。

45/

如何防止莲藕变黑

莲藕是一种营养价值很高的低脂食品，可以生吃，也可以蒸、炒、炖汤食用。但是莲藕在烹调和存放中经常遇到变黑的问题，影响菜品的色泽。那么，莲藕变黑后对其营养价值有没有影响，有什么方法可以防止莲藕变黑呢？

莲藕变黑与它所含的多酚类物质有关，如果用铁锅煮莲藕汤的话，莲藕中的多酚类物质与铁锅中铁离子发生化学反应，会形成一种蓝色或紫色的有色络合物，熬出的莲藕汤就会变黑。所以，**最好选用砂锅煲莲藕汤，汤汁浓白，醇香入味**。

除了烹调时会变黑，莲藕在存放过程中也会出现变黑的现象，这又是为什么呢？其实是莲藕里另一种物质——多酚氧化酶导致的。多酚氧化酶可以使多酚类物质和氧气发生反应生成醌，醌类物质聚合在一起形成黑色素，使莲藕变黑。

了解了莲藕变黑的真正原因之后，就可以通过简单的处理方法防止它变黑了。

（1）在烹调过程中，比如制作凉拌藕片时，可以在烫制过的藕片上加一点白醋、米醋或柠檬汁，控制多酚氧化酶的作用。

（2）在炒、炖时，可以先将莲藕放入100℃的沸水中汆烫70秒，使多酚氧化酶失去活性。

（3）炖藕汤时，选用砂锅而不是铁锅。

（4）家里买来暂时吃不了的藕，可以泡在清水里，以隔绝氧气，防止醌类物质生成。

46/

手撕和刀切的蔬菜哪个更好

很多人有这样的经验，有些菜手撕处理比刀切处理后烹调得更好吃，更入味，这是为什么呢?

一般来说，手撕的方式顺应蔬菜自身纹理，使蔬菜受到的损伤较小，能更好地保护植物细胞的完整性。而刀切的方式则相对会破坏更多的植物细胞，且越钝的刀造成的破坏越大。破损的植物细胞容易流失电解液（如钾、钙），同时还会释放出氧化酶，所释放的酚类物质被氧化后会生成褐色物质，加速褐变，一定程度上影响了蔬菜的清脆口感和色泽。

不仅是蔬菜，有些肉类菜品也是手撕的口感和味道更佳。例如手撕鸡、麻辣鸡丝，正宗的做法特别讲究要手撕，刀切的鸡丝是齐刷刷的断面，而手撕的鸡丝则能清楚地看到鸡肉的纤维和纹理，更佳入味。

在日常烹调菜品时，对于一些软嫩的蔬菜，不妨用手撕的方式，以多保留些营养物质，口感也更脆嫩清甜，这样做出的美食不但更美味，也更用心。但不是所有的菜都是手撕的更好吃，大家不妨多尝试一下不同的做法，找到每种菜最合家人口味的烹制方法。

47/

烹调时怎样让蔬菜有“颜”又美味

新鲜蔬菜是对健康有益的食物，但是烹调变色后容易影响食欲，那么我们应该如何在烹调中尽量保持蔬菜的色泽呢?

绿叶蔬菜的绿色来源于叶绿素，它是一种含镁的复杂化合物，在酸性环境中镁容易被氢取代生成脱镁叶绿素，不再呈绿色。蔬菜中天然存在酸性化合物，在正常组织中与叶绿素有屏障相隔。但在烹制过程中，加热后会使屏障破坏，酸性化合物与叶绿素接触，并使其变色。

一般煮、蒸或炒 5 ~ 7 分钟内可以保持叶绿素不被破坏，烹调时间越久颜色改变越多，因此对绿叶蔬菜而言，可以尽量缩短烹调时间。

另外，可以做一些有效的前处理，如焯水，要求火要旺、水要多，略滚即可捞出，捞出后立即放凉水中降温；还可以在水中加少许油和盐增加护色效果。这些前处理的方法可以使蔬菜细胞中的多酚氧化酶失去活性，防止蔬菜褐变。也有些人喜欢加碱，此举虽可以保持色泽，但对营养成分破坏较大，故不建议使用。

烹调绿色蔬菜时，不要盖锅盖，敞开锅盖可以让蔬菜中的有机酸随水蒸气挥发出来，减少叶绿素脱镁反应。

紫色蔬菜，如紫甘蓝，其蓝紫色来源于其中的花青素，在偏碱性环境下，花青素会变为蓝色。因此，在烹调紫甘蓝时，处理方法要与绿色蔬菜相反，不要焯水，盖着锅盖反而有利于保持原有色泽。在烹制时加点醋，紫甘蓝的颜色会更加红艳。

土豆、藕、山药等易变色的根茎类蔬菜，可以切好后泡在水中，以隔绝氧气，或者在沸水中焯烫一下，使酶失去活性，可以有效防止其变黑。

48/

如何吃到既美味又安全的凉拌菜

无论是春夏秋冬，凉拌菜都是不少人的所爱。凉拌菜制作简单、开胃爽口、种类繁多、可荤可素，既可以当作佐餐小菜，也可以作为下酒菜。然而，凉拌菜虽然好吃，但也是夏季致病微生物容易滋生的温床，因此我们在享受美味的同时切不可忽视食品安全问题。

其实，凉拌菜比热菜更容易引起食物中毒。因凉拌菜的制作一般没有经过高温烹调杀菌的步骤，倘若制作过程中因卫生条件差或操作不规范而污染了致病微生物，就容易引起感染。例如，加工场所或操作人员的卫生较差，或制作凉拌菜的原料没有洗净，或做好后储存时间过长、储存温度不够低等，都会给致病微生物的繁殖创造条件，为食物中毒埋下隐患。

那么，在夏天怎样才能既享受到凉拌菜的美味又预防食物中毒呢？主要应该做到以下几点：

（1）厨房环境、厨师个人以及厨房用具都要保持卫生，减少致病微生物污染食物的机会。

（2）制作凉菜时要遵循良好的操作规范，如洗干净手，蔬菜要清洗干净，案板和菜刀要生熟分开，不能让切生食的器具接触凉拌菜，防止交叉污染。

（3）多数蔬菜类凉拌前尽量焯一下水，也可以加点醋或蒜泥等有一定杀菌作用的调料。

（4）做好的凉拌菜不能长时间存放，最好现吃现拌，当餐吃完，短时间内存放时一定要冷藏。

（5）尽量不要在外购买凉拌菜，最好在家中自己做。如果要买，也要选择正规的、卫生条件好的地方。

49/

一定要等油冒烟了才可以炒菜吗

冒烟下菜是大忌

热油冒烟了再放菜，是一些长辈流传下来的“习惯”。

日常炒菜的合适温度是180℃左右，过去所使用的没有经过精炼的油在120℃就开始冒烟，只有到冒烟较多的时候才达到180℃～200℃的炒菜油温。而如今的色拉油和调和油去除了杂质，一般加热到200℃左右才会冒烟，若等到油脂明显冒烟才放菜，则炒菜温度会达到200℃～300℃，此时不仅容易导致油发生高温劣变，也会损失菜肴原料中的维生素等营养物质。

何时可以“下油锅”炒菜呢

要想知道油温是否适中，可以拿一根竹筷插在油中试试：当筷子周围开始出现小泡沫时，就可以把菜放入，并尽量缩短炒菜时间，尽量减少油烟的产生。

哪种油炒菜不爱冒烟

油的烟点跟其精炼程度和脂肪酸的组成有关。通常情况下，油精炼程度越低，多不饱和脂肪酸含量越高，其烟点越低，也就越不耐热。

我国食用油标准将油分为了四级，其中一级油的精炼程度最高，看上去更清澈透亮，其烟点最高。一级油的烟点在 215℃以上，二级油的烟点在 205℃以上，对于三级油和四级油的烟点没有要求，但由于它们的精炼程度较低，烟点也低，故不适合高温烹调。

此外，有一类含饱和脂肪酸较高的油品，如植物油中的棕榈油和椰子油，以及猪油、牛油等动物油，化学性质稳定，不易起油烟，适合高温煎炸。

50/

茄子怎么处理能少吸油

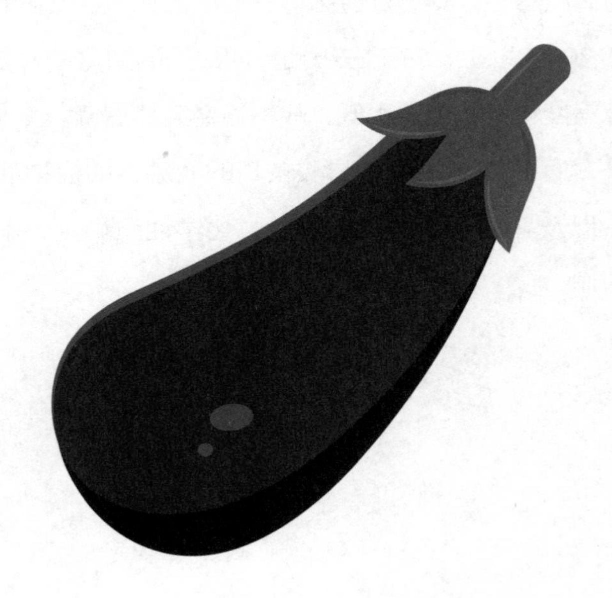

茄子作为餐桌上常见的蔬菜之一，深受大家的喜爱。茄子的营养较为丰富，含有蛋白质、脂肪、碳水化合物、维生素以及钙、磷、铁等多种营养成分，尤其是维生素 P 的含量非常高。所以经常吃茄子，有助于预防冠心病、动脉硬化、高血压和出血性紫癜的发生。

茄子的烹饪方法较多，但是大多数吃法较为油腻。这是由于茄子的果肉是由海绵状薄壁组织组成的，较多细胞间隙形成了毛细管，在油的高温下，茄子的果肉细胞破裂，细胞内水分蒸发，大量油会进入毛细管内。所以，在炒茄子时会发现，茄子一下锅就会把油都吸走，油放少了就会粘锅。

如果为了不粘锅多放油，会摄入过多的油脂，不利于身体健康，有什么方法可以减少茄子吸油呢？大家可以通过不同的烹饪方法破坏其海绵体或减少茄子的吸油能力。

减少茄子吸油，蒸煮是较为简单的方法。因为在蒸煮的过程中茄子吸收了大量的水分，饱和度增加，吸油能力大大减少。

用盐腌制、晒干，或者将茄子提前放入微波炉中微波加热，都能减少茄子中的水分，破坏茄子中的海绵体，降低吸油能力。

或者锅内先不放油，加入茄子翻炒至茄子变软，然后再加入适量油和其他调料。

51/

蔬菜生吃好还是熟吃好

蔬菜是我们一日三餐中最常见的食物之一，其中含有丰富的维生素、矿物质等营养物质，具有多种对人体健康有益的生物学作用，按照中国居民膳食宝塔的建议，健康成人每天应摄入 300 ~ 500 克蔬菜。那么，蔬菜究竟是生吃好还是熟吃好呢？不同的吃法对蔬菜的营养价值是否有影响？

蔬菜的生吃与熟吃各有利弊。

生吃蔬菜的好处主要体现在可以最大限度地保留蔬菜中的维生素等营养成分，还可以通过充分的咀嚼来提高饱腹感。生吃蔬菜时，蔬菜中较多未经软化的膳食纤维对胃肠道有一定的刺激作用，所以适合便秘的人群食用。

熟吃蔬菜，在加工过程中确实对蔬菜中的营养物质造成了一定的损失。但是从安全卫生的角度来看，对蔬菜进行加热烹饪可以降低蔬菜中的农药残留，杀死一些细菌等微生物，更加安全。而且，有些蔬菜必须烧熟之后才可以安全食用，如生的四季豆、豆芽中含有皂素、凝聚素等有毒物质，生吃很容易引起食物中毒。为了减少蔬菜中营养成分的丢失，应该先洗后切，急火快炒，现做现吃。

总的来说，不论是生吃还是熟吃，蔬菜都是有利于人体健康的佳品，在食用时，我们需根据蔬菜的特点和品质，结合自己的饮食习惯进行选择，确保健康卫生。

52/

怎样吃西红柿更健康

西红柿，又称番茄，含有较多的天然抗氧化剂，素有“维生素 C 和番茄红素的天然仓库”之称，不仅能美容养颜，还可降低患癌症和心血管疾病的风险。

西红柿含有大量的维生素 C，经过加热，会损失一部分维生素 C，因此生吃西红柿能更好地获取其中的维生素 C。**生吃西红柿，应选择熟透了的红色西红柿**，因为未成熟的西红柿里含有龙葵碱，轻则食用后口腔感到苦涩，严重的会出现头晕、恶心及全身疲乏等中毒症状，甚至会危及生命安全，因此**不能吃未成熟的青色西红柿**。

西红柿里还含有丰富的番茄红素，番茄红素是类胡萝卜素的一种，属于脂溶性维生素。天然存在的番茄红素都是全反式，但通过加热可使番茄红素由反式构型向顺式构型转变，更易被人体吸收利用。热炒、做汤等加热的烹调方式更有利于人体吸收西红柿中的番茄红素。

因此，**西红柿生吃可摄入较多的维生素 C，熟吃能较好地吸收番茄红素**，选择生吃还是熟吃，还要看如何与其他食物搭配。如果同时食用的食物中有富含维生素 C 的绿叶蔬菜和柑橘类水果，熟吃西红柿更有利于健康。

53/

怎样能减轻菠菜的苦涩味

菠菜富含铁、钾、钙、镁、维生素等营养物质，素有“蔬中之王”之称。但食用菠菜后会感到牙齿和舌头发涩，所以很多人不喜欢吃菠菜。菠菜的涩味是因为其中含有较多的草酸，口感苦涩，而且易与人体中的钙直接作用，形成草酸钙沉淀，影响人体对钙的吸收，还会增加患泌尿系统结石的风险。

菠菜在食用之前，用开水焯一下，1 ~ 2 分钟即可。这样就可以让菠菜中大部分草酸释放出来，涩味也就大大减少。注意焯水的时间不宜过长，以免造成维生素 C 的大量流失。将菠菜捞出后，凉拌或清炒食用就不会口感发涩了。

虽然菠菜营养丰富，但一次食用量不宜过多，否则将影响人体对钙的吸收。尤其是处于骨骼、牙齿生长期的儿童，菠菜中的草酸与钙形成难溶性草酸钙，会影响儿童骨骼和牙齿的健康生长。

此外，菠菜会加重结石的病变，泌尿系统结石的患者不宜多吃。

54/

在家中如何发出又长又粗的豆芽

（1）把拣掉杂质、瘪子的豆子放进容器里（豆子的数量根据需要及容器的大小确定），用水浸泡，热天 6 ~ 8 小时，冷天 20 小时左右，使其皱纹饱满、稍有开裂。

（2）取一个能漏水的容器，底部铺一块草垫，把经过浸泡的豆子均匀地摊好，盖一块毛巾或厚纱布，放在避光的地方。冬天注意保暖，夏天要注意通风。

（3）每天浇 4 次水，间隔时间要均匀。寒冬腊月，可以浇温水。浇水要从盖的毛巾、纱布上浇下去，水量要小且均匀，浇下去的水要能迅速流掉。

55/

如何使腌菜又脆又嫩

在腌菜时，只要按菜的重量加入 0.1% 左右的碱，就能保护叶绿素不受损失，使腌出来的咸菜颜色鲜绿。要是按菜的重量添入 0.5% 的石灰，就可使蔬菜中的果胶不被分解，使腌出来的菜又脆又嫩。但需要注意的是，放入的石灰不能过量，否则吃起来会发硬不脆。

56/

吃银耳需要注意什么

银耳味甘、淡、性平、无毒，既有补脾开胃的功效，又有益气清肠、滋阴润肺的作用，是深受大家喜爱的滋补佳品。银耳的吃法很多，可蒸煮、煎炒、凉拌等。食用银耳时应注意以下几点。

挑选优质的银耳食用

以干燥、色白微黄、朵大、有光泽、胶质厚者为上品。银耳如颜色过白可能是经加工漂白的，色黄暗浊者则是储存过久，均不宜选购。

烹调前正确处理

银耳在泡发的时候，先把银耳放入凉水中，冬天用温水，浸泡 1 ~ 5 个小时，然后再进行清洗。银耳遇水膨胀率可达 10 倍以上，在泡发的时候要注意用量。泡发后应去掉未发开的部分，特别是呈异常色泽的部分。

营养健康巧搭配

银耳虽有营养，却是寒性食物。在食用的时候可以加入红枣、桂圆等，红枣补血，桂圆性温热，两者与银耳搭配在一起，营养丰富，味道也好。

适量食用

银耳常用来做甜汤，如冰糖银耳、银耳莲子羹等，烹调时往往加入冰糖或蜂蜜，含糖量较高，一次食用量不宜过大。

57/
如何清洗木耳中的泥沙

通常买回来的黑木耳上会带有木渣和泥沙，此时可用盐水（盐量约为干木耳重量的 1/10）清洗，轻轻揉匀，待水变浑，即可用清水淘洗。

58/

海带可以长时间浸泡吗

很多人在食用海带时，常常先把它长时间地浸泡在水中，并把上面的一层白粉洗得干干净净，误将这些白粉认为是霉变物质。但事实上，海带上的那层白粉叫甘露醇，它具有利尿、消肿的作用，遇水即溶。所以烹制海带前，不宜长时间浸泡，也不要过分用力搓洗，以免损失一些有益成分。

59/

蘑菇应怎样清洗才干净

蘑菇营养丰富，属于高蛋白、低脂肪食物，富含人体必需氨基酸、矿物质、维生素和多糖等营养成分，无论是炒着吃还是做汤，都非常美味。可是，通常买回家的蘑菇上都有很多泥土，如何将这些蘑菇清洗干净呢？

（1）准备一个白洁布（蘑菇比较干净的用白洁布，一般都可以清洗干净）；

（2）或用老丝瓜瓜络（老丝瓜瓜络较硬，但清洗的效果很好）；

（3）清水内加 1 勺盐，将蘑菇放入浸泡 5 分钟；

（4）浸泡后的蘑菇，用白洁布或丝瓜瓜络，一个一个分别擦洗干净；

（5）再用清水，将擦洗过的蘑菇清洗干净，这样就可以用来烹调食用了。

另外，清洗白蘑菇同样也有小窍门。

（1）洗白蘑菇前，要把菌柄底部带有沙土的硬蒂去掉，因为这个部位即便用盐水泡过也不易洗净，并且人体不易消化。

（2）白蘑菇表面有黏液，粘在上面的泥沙不易被洗净。洗白蘑菇时在水里放点儿食盐，泡一会儿才能洗去泥沙。

（3）将白蘑菇浸入淘米水 10 分钟，也可以将白蘑菇洗得干干净净。

（4）在温水中加适量糖，把洗净的白蘑菇切好后浸泡 12 小时，这样既能使白蘑菇保持香味，又能让烹调后的味道更加鲜美。

60/

怎么吃大蒜有利于杀菌

大蒜是我们餐桌上常见的食物，也常作为调料使用。大蒜中的大蒜素具有很强的杀菌作用，它进入人体后能与细菌的胱氨酸反应生成结晶状沉淀，破坏细菌所必需的硫氨基生物中的巯基，使细菌的代谢出现紊乱，从而无法繁殖生长。大蒜素能杀灭肠道中的痢疾杆菌、伤寒杆菌、幽门螺杆菌等，其中幽门螺杆菌是胃癌的主要病因，因此大蒜素具有一定的预防胃癌的作用。

平日烹调食物时，有些人习惯将大蒜炒熟食用，但大蒜素受热后易分解，会大大降低大蒜的杀菌作用。因此，**生吃、捣碎后撒入拌凉菜等吃法有利于发挥大蒜的杀菌作用**。

此外，大蒜中锗和硒等元素可抑制肿瘤细胞和癌细胞的生长，实验发现，癌症发生率最低的人群就是血液中含硒量最高的人群。美国国家癌症组织认为，在全世界最具抗癌潜力的植物中，位居榜首的就是大蒜。但大蒜毕竟只是一种食品，不应该夸大它的功效，更不能把它当成日常生活中的抗癌药物。

61/

怎样切洋葱能防止流泪

洋葱营养丰富，不仅富含钾、维生素C、叶酸、锌、硒以及纤维素等营养素，而且还含有两种特殊的营养物质——槲皮素和前列腺素A。然而，切洋葱时，常常让人泪流满面。那么，切洋葱时怎样才能防止流泪呢？下面就来介绍几个小窍门。

（1）切洋葱之所以会刺激眼睛流泪，是因为洋葱所含的挥发性催泪物质所导致的，因此，在切洋葱前，先把洋葱放在水中浸泡10分钟，用水溶解这种成分就能轻易解决。

（2）把洋葱剥皮洗净后放入冰箱，冰冻4小时或者冷藏隔夜后取出。

（3）在切洋葱的菜刀上抹点植物油，或者把菜刀用水弄湿，这样切洋葱时就不会流泪了。

62/

怎么才能让硬硬的猕猴桃变软

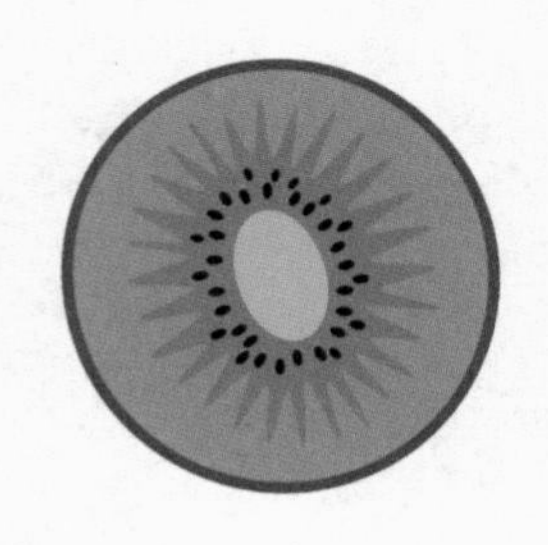

猕猴桃、牛油果、香蕉、芒果等都属于呼吸跃变型水果，经过后熟过程成熟后会很快向衰老腐烂转化。基于这样的特点，又考虑到长途运输的需要，所以这些水果一般在绿熟期进行采摘。这也是为什么市场上卖的猕猴桃（牛油果）总是硬硬的原因。

如果想快点吃到完全成熟的猕猴桃（牛油果），可以充分利用乙烯能促进呼吸跃变型水果成熟的这一特点，把猕猴桃和成熟的苹果、梨、番茄等混装于塑料袋内。成熟的苹果等可以挥发出较多乙烯，当猕猴桃接收到乙烯的信号时，果肉中的淀粉会发生糖化，使果肉软化、酸度减少，生成香气，在较短时间内变成香甜软嫩的猕猴桃。其实猕猴桃在后熟的过程中本身也可以产生乙烯，但是由于产生量很少，所以一般敞开存放的猕猴桃需要较长时间才能变软。

还可以把近期要吃的猕猴桃放在温度较高的环境中，因此温度越高植物新陈代谢越活跃，果实的后熟进程也就越快。

另外，把猕猴桃放入谷糠中，也可以较快成熟变软。

成熟后的猕猴桃很容易腐烂变质，一旦变软要尽快食用。

63/

怎么清洗
表面坑坑洼洼的草莓

草莓颜色鲜红艳丽，酸甜可口，是一种色香味俱佳的水果，特别适宜春天养生食用。草莓的营养价值十分丰富，被誉为是“水果皇后”，含有丰富的维生素以及矿物质。尤其是维生素 C 含量非常高，其含量比苹果、葡萄高 7 ～ 10 倍。另外，草莓中所含的胡萝卜素是合成维生素 A 的重要物质，具有明目养肝的作用。此外，其所含的果胶和膳食纤维可以帮助消化，润肠通便。根据《本草纲目》记载，草莓可以健脾补血，润肺益气，对老人和孩子是滋补佳品。

但草莓坑坑洼洼的外形以及柔软的果肉，使其清洗变得困难。如何洗草莓才能洗得干净又不损伤果肉呢？

首先，草莓不去蒂，流动自来水连续冲洗 3 ～ 5 分钟，可去掉草莓表面的大多数污染物。注意不要把草莓蒂摘掉，也不要把去蒂的草莓放在水中浸泡，因此残留的农药可能会随水进入果实内部。

其次，用淘米水浸泡 3 分钟，因为碱性的淘米水有助于残留农药的分解。

最后，用淡盐水浸泡 5 分钟，这样可以起到一定的杀菌作用，再用流动自来水冲洗干净即可食用。

草莓几乎没有果皮，因此在清洗的过程中，应尽量避免用手揉搓，也不要使用清洁剂，以免清洁剂渗入果肉，造成二次污染。

鱼、虾、禽、肉、蛋、奶类食用小窍门

64/ 怎样蒸鱼味道更鲜美

鱼肉的肌纤维比较短，蛋白质组织结构松散，水分含量比较多，因此鱼肉的口感比禽畜肉更加鲜美软嫩，也更容易消化吸收。

清蒸是一种能较好地保留住鱼肉鲜美味道的烹调方式，但注意不要现杀现蒸。因为动物死亡后肌肉会发生 4 个阶段的变化，即僵直、后熟、自溶和腐败。僵直是动物宰杀后最先发生的变化，由于肌肉酸度增加，肌凝蛋白凝固、肌纤维变硬出现僵直现象，此时的肉品不适宜烹饪，口感也不好。随着肌肉中的糖原继续分解为乳酸，结缔组织逐渐软化，这一过程称为后熟，此时的肉品味道最鲜美，适合烹饪。僵直到后熟的过程，夏季一般为 1 ~ 2 小时，冬季为 3 ~ 4 小时。因此，**购买新鲜的活鱼宰杀后，待鱼体由僵直过渡到后熟期后再烹饪，可使鱼肉鲜味最佳**。

处理鱼时，仔细去除鱼鳞、鱼鳃、内脏，清洗附着在鱼骨上的血，在靠近鱼头 1 ~ 2 厘米处划一刀，在切口处有一个小白点，那就是腥线，抽出腥线可有效减少鱼腥味。

处理好鱼后，可以将鱼切成两半，或者在鱼身上切花刀，用少量料酒和盐腌制 1 小时，再配合葱段和姜片一起摆盘，待蒸锅里的水煮沸后，把鱼放入蒸锅中。要注意烹调的时间不宜太长，1 斤（500 克）重的鱼肉宜旺火蒸 9 分钟左右，1.5 斤（750 克）至 2 斤（1000 克）重的鱼则需要 12 ~ 15 分钟，关火后不要立刻取出，用余温再焖一下，一盘鲜美香嫩的清蒸鱼就可以出锅了。

65/

如何去除鱼腥味

（1）在夏季，一些河鱼有土腥味，会影响烹调的味道。可先把鱼剖肚洗净，置于冷水中，再在水里滴入少量食醋，或放入少量胡椒粉或用桂叶，然后再烹调，这样土腥味就会消失。

（2）加工鱼时，手上会有腥味。若用少量牙膏或白酒洗手，再用水清洗，腥味即可去掉。

（3）鱼剖胆洗净后，用红葡萄酒腌一下，酒中的鞣质及香味可将腥味消除。

（4）河鱼有泥味，可先把鱼放在盐水中清洗或用盐细搓，便能去除异味，

（5）在炸鱼前，先将鱼放在牛奶中浸泡片刻，这样既能除去腥味，又可增加鲜味。

（6）炸河鱼时，先将鱼在米酒中浸泡一下，然后再裹面粉入锅炸，可去掉土腥味。

（7）鲤鱼脊背两侧各有一条白筋，它具有特殊腥味。剖鱼时，在靠鳃的地方切一个小口，白筋就显露出来了，用镊子夹住，轻轻用力，即可抽掉，这样烹调时就没有腥味了。

66/ 煎鱼时怎样才不粘锅

方法一 将锅刷洗干净，在旺火上烧热，用切开的生姜把锅涂擦一遍，然后在锅中准备煎鱼的部位上淋一勺油，加热后将油倒出，再往锅中加点凉油。鱼在下锅前要沥干或用干净布擦干表面的水分。煎鱼时要常常转锅，使热油浸煎均匀，并防止粘锅，煎好一面后翻一下鱼再加点油煎另一面。

方法二 先将鸡蛋打在碗内搅匀，把收拾好沥干水分的鱼放入蛋糊碗内，挂匀蛋糊后投入热油锅内，蛋糊遇热凝固，这样煎鱼既不容易碎，又不会粘锅。待鱼的两面煎得全黄时，捞出即可。

67/

如何清洗虾体中的污物

虾的直肠中充满了黑褐色的消化残渣，其中含有细菌。在清洗时，可用剪刀将虾头的前部剪掉，挤出胃中的残留物，再将虾煮至半熟，剥去甲壳，此时虾的背肌很容易翻起，即可把直肠去掉，再加工成各种菜肴。较大的虾，可在清洗时用刀沿背部切开，直接把直肠取出洗净，再加工成菜。按这种方法清洗烹食，既卫生，又不失虾的鲜美味道。

68/

如何处理肉类可以使肉质变嫩

烹调肉类时，经常会出现做熟的肉干涩柴硬，口感和味道不佳，有没有什么好的处理方法可以改善这种情况呢？其实利用一些工具和食材可以帮助我们在烹调肉类时使肉质变嫩，味道更加美味。

（1）使用肉锤或者刀背，像敲钉子一样敲肉，均匀敲打整个肉的表面，翻过来，再次敲打表面，使肌纤维断开。

（2）切肉片时，刀口应与肌纤维的方向垂直，切断肌肉纤维。

（3）解冻冻肉时，可将肉放入浓度较高的盐水中，这样处理后烹制的肉质更鲜嫩。

（4）烹调前可以用少量料酒或啤酒浸渍肉类，或加蛋清、淀粉、食用油将肉片或肉丝拌匀，放置 15 ~ 30 分钟再下锅翻炒，这些处理可更好地锁住肉汁，使肉片或肉丝嫩滑多汁。

（5）水果中的酶类也可以加速肉质软化，如柠檬、奇异果、菠萝、木瓜等水果，可以加入上述果汁腌制肉片或肉丝后再进行烹饪。

69/

鸡肉怎么做更好吃

鸡肉肉质细嫩，滋味鲜美，由于其本身的味道比较淡，可以热炒、炖汤或者凉拌，因此可搭配于各种料理中。但鸡肉有一个缺点，即由于鸡肉本身的肥肉较少，在烹制时稍不注意肉质就会发干、发柴，影响口感。

鸡肉属于高蛋白低脂肪的食品，用鸡肉炖汤是最常见的营养美味养生佳肴，鸡汤内含胶质蛋白、肌肽、肌酐和氨基酸等，味道鲜美。如果用大火炖煮鸡肉容易导致肉质发硬，影响口感。因此，可以在冷水中倒入少许醋，然后放入鸡肉浸泡 2 小时，再进行烹调，这样鸡肉的肉质就会变得更鲜嫩可口。之后放入葱、蒜炖煮几个小时至汤汁金灿灿，且能闻到浓郁的鸡汤香气时，再放入少许盐调味即可。注意盐不要先放，以防鸡肉越煮越老。

另外，炖煮鸡肉时最好选用砂锅，既可保证鸡肉又香又嫩，又能减少营养流失，使汤鲜肉美。

鸡肉用于热炒时，可以在切好的鸡肉中加入水淀粉，抓匀，从而能更好地锁住肉中的水分，鸡肉炒出来会又滑又嫩。还可以用鸡蛋清腌制鸡肉，尤其在做鸡丁一类比较干的炒菜时，一定要加。另外，炒鸡肉时，加入适量啤酒烹制，可以让老鸡肉口感鲜嫩，还可以提香、提鲜。

需要注意的是，炒鸡肉一定不要煸炒太久，否则鸡肉会越炒越干。锅中油热后，倒入鸡肉，大火滑熟，1 分钟左右，鸡肉变白就可以捞出，然后再炒其他配菜，最后把鸡肉放入锅中与配菜炒匀即可。

70/

怎么烹饪牛肉更鲜嫩美味

牛肉能提供优质蛋白质，也是铁的最佳来源。但牛肉不易烹制好，经常会做得干硬难嚼。但如果掌握一些烹饪的小技巧，就能做出软嫩弹滑的美味牛肉了。

不同部位的牛肉要选择适当的烹饪方式。肉质较嫩的牛肉，适于烧、烤、煎、炒，肉质较坚韧的牛肉，则适于炖、蒸、煮。

牛肉的纤维组织比较粗，结缔组织也较多，因此在切肉前可以将牛肉适当冷冻一下，再横向将长纤维切断，而不能顺着纤维组织切，否则不仅牛肉无法入味，烧熟后肉质还会干柴，咀嚼不烂。

牛肉在炒之前，可以先用小苏打或木瓜汁腌制 20 ~ 30 分钟，或者在锅中放几粒山楂，都可以使牛肉更嫩滑。腌制时适当摔打牛肉，能让牛肉充分吸收料汁，更加鲜嫩多汁。

烹饪时的火候也十分重要，不宜用大火，如果肉片太厚，中间部分的肉质会熟不透。对于肉质较嫩的牛肉，宜用中火，而肉质较坚韧的则需要用小火慢慢炖煮。

煎牛排前留一些油脂在表面，可以防止肉汁流失。不要用铲子压牛排，会使牛肉中的肉汁流失。

炒牛肉时，不断翻炒牛肉至不呈粉色即可。将蔬菜和牛肉分开炒，最后再放在一起炒匀即可，多余的肉汁可以勾芡。

71/

炖肉何时放盐和酱油更味香色匀

我们都知道，炖肉时需要放调味品，而调味品投放的时间很有讲究，先放后放大不一样。一般来说，葱段、姜片以及大料、花椒在旺火转微火后就可放入肉汤中，而酱油与盐却不宜早放。

因为盐和酱油能加速肉中的蛋白质凝固，使肉不易煮烂，而且溶于汤中的蛋白质又极易沉淀，使汤的味道受到影响。因此，**酱油最好在肉七成熟时放入，盐最好在肉九成熟时放入**。酱油要早于盐放入汤中，这样是为了使肉的色泽内外均匀，并且吃不出生酱油的味道，让酱油的醇鲜味道溶于肉汤中。

另外，**煮高汤时也不宜早放盐**。因为盐是电解质，有较高的渗透性。过早加盐很容易使盐渗透到原料中，使原料中的水分排出，进而蛋白质过早凝固，营养物质不易进入汤中，从而影响了汤的味道和颜色。

72/

能用热水解冻肉类吗

当急于食用刚买回或刚从冰箱冷冻室里取出的冻肉时，很多人就会用热水浸泡解冻，但事实上这种方法是错误的。

因为用热水解冻，肉的汁液晶体会很快融化，来不及渗入肉的纤维里而白白流失，从而失去一部分蛋白质和芳香味物质。用这种肉类制作的食品，不仅营养价值不高，而且味道也会大打折扣。

科学速解冻肉的方法是用冷水浸泡，或将冻肉放在15℃～20℃的地方，使其自然解冻。因为肉类在速冻过程中，其组织汁液中所含的蛋白质和有机酸也会完全冻成冰，随着肉缓慢解冻，这种汁液的结晶体会重新缓缓融化，还原成汁液渗入肉的纤维内，使肉类恢复原来的性质，从而保持肉原有的营养和美味。

73/

如何巧除羊肉的膻味

羊肉的营养价值颇高，味道鲜美，但是它的膻味较重，会影响菜品的香味，所以掌握一些去除羊肉膻味的方法是烹调羊肉时必需的。

去除羊肉膻味的方法很多，比如可以在烹调羊肉之前，先将新鲜羊肉反复冲洗、浸泡，洗掉羊肉表面的细毛和杂质，或者将羊肉剁成小块后焯水，去除大部分的血沫。

另外，在处理羊肉的时候，可以用料酒、花椒、橘皮、山楂或者咖喱等去除膻味，选择其中一种，或者两种一起，但不宜放太多种，以免破坏或遮盖了羊肉自身的鲜味。

还可以选择其他食材与羊肉一起烹调，如胡萝卜、白萝卜、洋葱等，既可以增添香味，还补充了维生素等营养物质。

烧煮羊肉时，可以用纱布把碾碎的丁香、砂仁、豆蔻、紫苏等香料包起来，放入锅中同煮，这样不仅可以去除膻味，还可使羊肉具有独特的风味。

74/

如何简易处理冷冻羊肉

在寒冷的冬天，市场上常常会销售冷冻的羊肉块，又干又硬。这样的肉，如果处理不当，会影响菜肴的品质。那么，应该怎样简易处理冷冻羊肉呢?

（1）先用净水冲洗一次，去掉表面的浮土，再用净布擦干。

（2）放在室内慢慢化冻，可反复翻动羊肉，缩短化冻的时间。但千万不能用热水泡，更不要用火烤。

（3）待肉化至似冻不冻时，根据自己的需要，将羊肉进行切片、切丝、剁块等粗加工。

（4）将粗加工好的羊肉放入净水中浸泡，待其完全化透后捞出。控去多余水分，但不要挤干。这样既保持了羊肉原有的水分，也去掉了残留在羊肉中的血污。

冷冻羊肉经上述方法处理后，做出的菜肴就会细嫩可口。

75/

怎样烤肉更松软美味

随着人们生活水平的不断提升，很多人喜欢在家里自己烤肉吃，但是如果没有掌握好烤肉的方法，很容易将肉烤得又焦又硬，影响其味道。那么，怎样烤出松软美味的肉呢？

（1）在将肉放入烤炉前，先用热开水或热清汤浇一下，这样可使烤出的肉松软。但需要注意的是，如果用凉水浇肉，肉就会变得很硬。

（2）在烤肉的过程中，必须在一面烤熟后，再翻过来烤另一面，不要翻来覆去地烤，以免费时费力，且不易烤熟透。

（3）用烤箱烤肉时，可以在烤箱下格放一个盛水的容器。由于容器中的水受热变成水蒸气，可防止水分散失过多而使烤肉焦煳，所以这样烤出的肉不焦不硬。

76/

鸡蛋怎么吃更健康

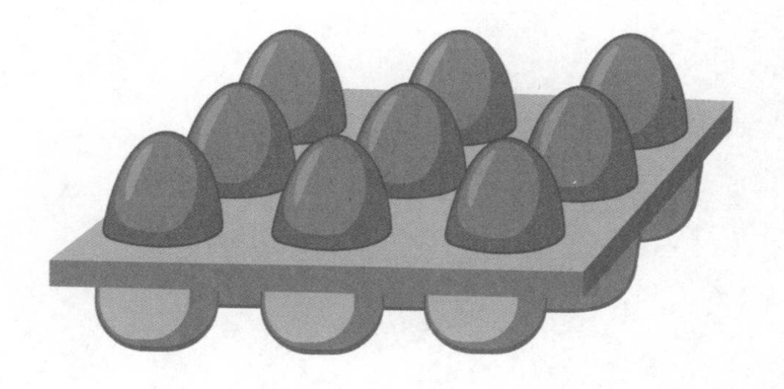

鸡蛋是优质蛋白质的最佳来源之一，是许多人早餐的必备食品。每天早餐吃 1 个鸡蛋，再搭配其他的食物，就可以能量满满地开始一天的工作生活了。鸡蛋的做法很多，究竟怎么吃最健康呢?

鸡蛋在加热过程中，脂肪和胆固醇的氧化程度都会上升，而脂肪的氧化产物和糖类一样，都含有羰基，能替代糖类和蛋白质发生反应，生成糖化蛋白，对人体健康可能产生潜在影响。相比而言，整颗鸡蛋水煮加热的保护程度最为严密，与氧气的接触最少，鸡蛋中的脂肪、胆固醇和蛋白质不会受到氧化，较少生成糖化蛋白。就营养方面的吸收和消化率来讲，煮蛋为 100%，炒蛋为 97%，嫩炸为 98%，老炸为 81.1%，开水、牛奶冲蛋为 92.5%，生吃为 30% ~ 50%。

由此可见，**煮鸡蛋是鸡蛋的最佳吃法**。如果家里是给孩子和老人吃的话，也可以选择蒸蛋羹和煮蛋花汤的烹调方法。

《中国居民膳食指南（2016）》建议，在其他食物（奶类、肉类和鱼虾）都正常摄入的情况下，每周不要摄入超过 7 个鸡蛋。当然，如果食谱中奶类、肉类和鱼虾等动物食品摄入不足，多吃几个鸡蛋也是可以的。另外，我们还应多吃蔬菜和水果，通过食物多样化达到营养均衡的目的。

77/

什么时间喝牛奶最好

根据《中国居民膳食指南（2016）》建议，成人平均每天应该摄入300 克牛奶（约一次性纸杯一杯半）或相当量的乳制品，这样有助于平衡膳食结构，并能补钙。对于某些特殊人群，如儿童、青少年、孕妇、乳母、老年人、骨质疏松患者等，应喝更多的奶类，每天可达 500 克甚至更多。

知道了喝多少，更想知道什么时候喝才好吧？专家表示，不同时间喝牛奶，效果可能不一样。

早上喝 忙碌到没时间吃早餐的上班族，更适合在早上来杯牛奶，并搭配粗粮饼干、面包、馒头等，这样可以很好地补充蛋白质、维生素和钙等多种营养素。

晚上喝 成长期的孩子、睡不好觉的成人或者老人，更适合在晚上来杯牛奶。比起其他食物，牛奶富含色氨酸，有助于安眠。但不建议喝完牛奶马上睡觉，因为临睡前胃里有过多的食物，会增加消化负担，还可能导致多次起夜，都不利于睡眠。建议睡前 1 小时喝牛奶，让胃有足够时间休息。

吃饭前 也是一个喝牛奶的黄金时间！有研究发现，吃同样的一餐，如果在餐前 30 分钟喝牛奶，然后再吃饭，能有效降低餐后血糖反应。而餐后血糖上升延缓，意味着餐后饱腹感能持续更长时间，这对于预防肥胖很有好处。但是对于乳糖不耐受的人群，空腹喝奶后可能会引起胃肠不适，或对牛奶有不良反应的人群，可以换成酸奶、豆浆等。

78/

自制发酵食品时需要注意什么

我们有时可能会听到一些关于因食用自制发酵食品后引起肉毒毒素中毒的新闻报道。那么，肉毒毒素到底是什么？我们该如何预防呢？

肉毒毒素是由肉毒梭菌产生的一种毒素，有很强的神经毒性。肉毒梭菌的分布相当广泛，土壤、动物粪便等地方都可以找到它的身影。这些细菌还可以随着空气中飘浮的灰尘、小液滴飘散到四面八方，继而污染食品。我们日常生活中的食物由于很难做到完全无菌，因此也可能会被肉毒梭菌污染。**不过，存在肉毒梭菌并不意味着一定有毒**。因为这些细菌能够繁殖和产毒的条件相当苛刻：首先它需要严格隔绝空气的环境，其次还要有适宜的水分活度、营养条件和环境温度。当这些条件有一个不满足的时候，它就不能繁殖，也就不能产生毒素。

值得注意的是，肉毒毒素中毒最常发生在一些家庭自制食品中，因此自制食品不一定更安全，千万不能大意。虽然肉毒毒素的毒性很强，但它也有明显的弱点——怕热。肉毒毒素在高温环境里很不稳定，通常只要在 75℃ ~ 85℃加热 30 分钟，或者 100℃加热 10 分钟就可以将它们破坏。

因此，预防肉毒毒素中毒，主要应注意以下几方面：

（1）彻底加热。尤其是那些可能受肉毒梭菌污染的食物，如发酵豆制品、火腿香肠、罐头食品等，最好做熟透后再吃，这是避免肉毒毒素危害最有效的方法，千万不要因为贪图方便而生吃。

（2）自制食物时，要注意卫生。尤其是那些要长时间放置的发酵食品，更要格外小心杂菌污染。如果实在没有把握，最好就不要盲目自制了。

（3）加工后的发酵豆制品等，如果吃不完要尽快低温储存。

（4）不要给 1 岁以内的孩子吃蜂蜜。

79/

烹饪时应什么时间加入鸡精

烹饪时加入适量的鸡精可以提升菜品的鲜味。鸡精的主要成分通常是食盐、味精和麦芽糊精。

由于高温会使鸡精中的味精，即谷氨酸钠，失水生成没有鲜味的焦谷氨酸钠，所以用炖、烧、煮、熬、蒸的方法烹饪时，宜在快要出锅时放入鸡精。

拌凉菜时，将鸡精先用少量热水溶解再浇到凉菜上，效果较好。因为味精在 45℃时才能发挥作用，如果将味精直接拌入凉菜，则不易拌均匀，也不能起到味精的提鲜作用。

用高汤烹制菜肴时，不必使用味精。因为高汤本身已具有鲜、香、清的特点，鸡精会将本味掩盖。

对带有酸味的菜肴，如糖醋、醋熘菜等，不宜使用味精。因为味精在酸性物质中不易溶解，酸性越大溶解度越低，鲜味的效果也越差。

另外，含有碱性原料的菜肴也不宜使用味精。因为味精遇碱会化合成谷氨酸二钠，产生氨水臭味，失去其鲜味，破坏菜肴的味道。

80/

家庭炒菜选择什么油更好

炒菜是我们最常用的烹饪美食的方式之一，而油是炒菜不可或缺的材料，选用什么样的油炒菜是许多家庭关注的营养问题。

市面上常见的油有大豆油、花生油、茶籽油、亚麻籽油、玉米油、橄榄油等，在这些种类繁多的植物油中，单不饱和脂肪酸和多不饱和脂肪酸含量为 80% ~ 90%，饱和脂肪酸含量为 10% ~ 20%。其中，橄榄油、茶籽油中单不饱和脂肪酸含量较高，大豆油、玉米油中多不饱和脂肪酸含量较高。

各类植物油应尽量轮换使用，在购买时也尽可能选择小包装。更换用油品种时，要注意其营养成分构成，如果是脂肪酸构成类似的油，比如大豆油、玉米油和葵花籽油，换了和没换的差别并不大。

另外，选用食用油时还需要考虑家庭的饮食习惯，比如平时吃坚果、肉类、豆制品等的量，尽量达到摄入各类脂肪酸的平衡。

烹调习惯也是选择食用油的一个重要参考方面。由于在高温下，多不饱和脂肪酸的稳定性较差，所以富含多不饱和脂肪酸的油脂（大豆油、玉米油等）不适合制作冒油烟的炒菜。茶籽油、精炼橄榄油、花生油等，作为日常使用的炒菜油较为合适。

尽量选择“压榨油”。因为此种工艺提取的食用油比其他浸出工艺制成的油要好。

值得注意的是，食用油易被氧化，若存放时间过长，则油脂被氧化，其味道和口感就会变差，营养价值也会大打折扣，还可能生成对人体有害的物质。因此，**开封后的食用油最好尽快吃完**。

81/

食用油应怎样换着吃

食用油可分为植物油和动物油。常见的植物油有大豆油、花生油、葵花籽油、菜籽油、芝麻油、玉米油、橄榄油等;常见的动物油有猪油、牛油、羊油、奶油（黄油）、鱼油等。

动物油含饱和脂肪酸较高，多吃容易引起高血脂、脂肪肝、动脉硬化、肥胖等。当膳食中有一定量的动物性食品供给时，烹调中应尽量少用或不用为好。

植物油按脂肪酸的构成及其特点，可分为以下几类：

亚油酸含量高

如大豆油、玉米油、花生油、葵花籽油及小麦胚芽油等，这类油脂中亚油酸含量高达 40% ~ 70%，是人体必需脂肪酸之一（人体自身不能合成，必须由食物供给）。

含油酸丰富

如橄榄油、油茶籽油、高油酸菜籽油、米糠油、芝麻油等，这类油脂中油酸含量高达 70% ~ 80%，油酸具有降低胆固醇、甘油三酯和低密度脂蛋白（“坏胆固醇”），升高高密度脂蛋白（“好胆固醇”）的作用，对预防心脑血管疾病有益。

富含 α－亚麻酸

如紫苏油、亚麻子油、胡麻油、菜籽油、大豆油，含 α－亚麻酸（人体必需脂肪酸）分别为 61%、49%、35.9%、8.4%、6.7% 等。亚麻酸在体内可衍生出二十碳五烯酸（EPA）和二十二碳六烯酸（DHA），这两种脂肪酸在体内具有降血脂、改善血液循环、抑制血小板聚集、抑制动脉粥样硬化斑块和血栓形成的作用，对心血管疾病有良好的防治效果。

因此，经常换着油脂的种类吃或将油脂混着吃，食用多种植物油更有利于健康。

82/

怎样打发出完美的奶油

如果你对烘焙充满热情，那么打发出完美的奶油将是你烘焙学习中不可或缺的一课。

一般我们会选择淡奶油进行打发，打发之后淡奶油体积增大好几倍，变成了像羽毛一样轻软的“固体”，用来制作各种甜品。

轻轻摇匀奶油后，倒入搅拌缸内，此时液体奶油温度要求在7℃～10℃，容量为搅拌缸的10%～25%。

刚开始打发时，可以看到大气泡，继续打发大气泡会逐渐变成小气泡，液体也开始变得黏稠，体积增大，气泡变得更细腻，再继续打发，待打到能看到很清晰的纹路，并且打蛋器提起能拉出坚挺的角时，则表示奶油已经非常细腻，打发完成。

在打发后期，奶油的变化非常明显，因此最好使用手动打蛋器，防止打发过度。如果一不小心打发过头了，呈现出豆腐渣样，可加入适量的糖和奶粉继续打发。

打发后的奶油最好立刻用完，如果实在用不完可将已打发好的奶油暂时放在冷藏柜中，加盖储存，尽快使用。

83/

上班族怎样带饭更健康

首先，要选对饭盒。用微波炉专用的饭盒，微波起来会相对更安全一些，颜色选透明为好。以玻璃或陶瓷材质为好，如果是塑料材质，则建议选用聚丙烯材质，也就是有♷标志的餐盒。

根据中国居民平衡膳食宝塔（2016），上班族带饭的**总体原则是谷类为主、少油少盐、种类齐全、荤素搭配**。一般来说带饭可适当参考以下几点：

主食以馒头、米饭、杂粮饭或薯类等为宜

上班族的午餐一定要注意粗细粮食搭配，基本上可以遵循“四分细粮，六分粗粮”的原则。另外，对上班族而言，米饭是最好的主食，

因为从微波炉加热的角度来讲，加热后的米饭基本上能保持原来的状态，而馒头、大饼等面食极容易变干，不宜用微波炉加热。

荤素比例以 1 ：2 为宜

菜品中肉类最好挑选牛肉、鸡肉、猪瘦肉等低脂肉类中的 1 种，同时必备 1 个煮鸡蛋。蔬菜的数量和种类建议至少 3 种，首选豆类、根茎类、花菜类的蔬菜，例如山药、豆角、胡萝卜、莲藕、西兰花等。因为这类蔬菜在放置过程中产生的亚硝酸盐比叶菜少，且二次加热也不容易变色。

每天至少带 1 种水果

可以优选个头大、易携带的水果，如木瓜、橘子、鲜枣等。同时，选择富含维生素 C 的水果更好，因为这些水果在饭后食用既可以帮助消化，还能促进矿物质的吸收。

另外，加热带的盒饭，要用微波炉将其加热至中心温度达到 75℃以上才可放心食用。并且，为了防止微波炉二次加热影响菜品的整体营养，备餐时只需将蔬菜做到七八成熟即可。

84/

孩子放学肚子饿，正餐前应怎么吃

孩子放学肚子饿，选择食物有讲究。抓到什么吃什么，急于填饱肚子，所谓“饥不择食”是不可取的！

因为有些食物不宜空腹吃：一类是对肠胃刺激较大的食物；另一类是高蛋白、低碳水化合物的食物，如鱼、肉。另外，对于乳糖不耐受的孩子，不能空腹喝牛奶；胃不舒服时不能空腹喝豆浆，也不要吃柿子、黑枣、山楂、橘子等富含有机酸的水果。同时，也不要选取高糖、高脂、高盐的点心类食物，容易导致孩子在不知不觉中摄入过量糖和盐，对身体有害无益。那在饭做好之前，到底适合吃点什么呢？

可以吃一些容易消化、营养丰富的流质食物，如喝一点小米粥、燕麦粥等。因为碳水化合物是我们最主要的能量来源，在能量最低的空腹状态时，无论如何不能忽视碳水化合物的摄入，而谷物正是碳水化合物的最佳来源，且还有助于控制食欲，避免正餐吃太多。

另外，也可以吃一些坚果或者水果干，来提供下午至晚餐这段时间的能量短缺。但是要注意控制分量，家长在选购时，最好选择有小份包装的食品。这样既不会让孩子一次吃太多，也有利于长时间储存。

附 /

生活小贴士

1. 煮饭不宜用生水。因为自来水中含有氯气，在烧饭过程中，它会破坏粮食中所含的维生素 B_1，若用开水煮饭，维生素 B_1 可免受损失。

2. 煮米饭时加点豆子，有利于蛋白质“互补”，可提高整体营养价值。

3. 米饭若烧煳了，赶紧将火关掉，在米饭上放一块面包皮，盖上锅盖，5 分钟后，面包皮即可把煳味吸收。

4. 炸馒头片时，先将馒头片在冷水里泡一下，然后再入锅炸，这样炸好的馒头片焦黄酥脆，既好吃又省油。

5. 和饺子面时，在 1 斤面粉里掺入 6 个蛋清，使面里蛋白质增加，包的饺子下锅后蛋白质会很快凝固收缩，饺子起锅后收水快，不易粘连。

6. 做肉馅时，将要做馅的肉放入冰箱冷冻，待完全冻实后取出，用擦菜板擦肉，很容易就能把冻肉擦成细条。之后，只需用刀剁几下就可以了。

7. 煮饺子时，要添足水，待水烧开后加入 2% 的食盐，溶解后再下饺子，这样能增加面筋的韧性，饺子不会粘皮、粘底，且色泽会变白，汤清饺香。

8. 饺子煮熟后，先用笊篱把饺子捞出，随即放入温开水中浸涮一下，然后再装盘，饺子就不会互相粘在一起了。

9. 面包与饼干不宜一起存放。因为面包含水分较多，而饼干一般是干而脆的，两者如果存放在一起，就会使面包变硬，饼干也会因受潮失去酥脆感。

10. 煮鸡蛋时，可先将鸡蛋放入冷水中浸泡一会儿，再放入热水里煮，这样煮好的鸡蛋蛋壳不破裂，且易于剥掉。

11. 炒鸡蛋时，将鸡蛋打入碗中，加入少许温水搅拌均匀，倒入油锅里炒，炒时往锅里滴少许酒，这样炒出的鸡蛋蓬松、鲜嫩、可口。

12. 炒虾仁时，将虾仁放入碗内，加一点精盐、食用碱粉，用手抓搓一会儿后浸泡在清水里，然后再用清水洗净，这样能使炒出的虾仁透明如水晶，爽嫩可口。

13. 水煎替代油煎：煎饺、鸡排、虾饼都适用。向锅里放一点油，煎一会儿后加水，盖上锅盖，利用水蒸气把食物蒸熟。水分蒸发后，油会把食材底部煎脆，外焦里嫩，口感很好。

14. 香菜是一种伞形花科类植物，富含香精油，香气浓郁，但香精油极易挥发，且经不起长时间加热，因此香菜最好在食用前加入，以保留其香气。

15. 煲汤要冷水下料，中间如果加水，尽量加温水。因为正在加热的肉类遇冷会收缩，使蛋白质不易溶解，难以分解出提供鲜味的氨基酸，从而影响汤的口感。

16. 用柠檬汁腌制鱼、肉，既可以去腥，也可以让肉质更加松软。

17. 蒸鱼时沸水上锅，味道更鲜美。因为鱼体外部突遇高温会收缩，减少汤汁外流。

18. 煮鱼时加入少量醋，这样从鱼骨会释放一部分醋，既可以增加钙的摄取，又能提高铁、锌等矿物质的吸收。

19. 炒荤菜时，在加了酒之后，再加点醋，菜就会变得香喷喷的。炒豆芽等素菜时，适当加点醋，这样味道好且更有营养，因为醋对维生素有保护作用。

20. 煮排骨时放点醋，可使排骨中的钙、磷、铁等矿物质溶解出来，利于吸收，营养价值更高。此外，醋还可以防止食物中的维生素被破坏。

21. 巧用香料：炖肉时用陈皮，香味浓郁；吃牛羊肉加白芷，可除膻增鲜；自制香肠用肉桂，味道鲜美；熏肉熏鸡用丁香，回味无穷。

22. 大枣巧去皮：将干的大枣用清水浸泡 3 小时，然后放入锅中煮沸，待大枣完全泡开发胖时，将其捞起剥皮，很容易就能剥掉。

23. 洗桃：在清水中放入少许食用碱，将鲜桃放入浸泡 3 分钟，搅拌几下，桃毛便会自动脱落，再简单清洗即可。

24. 巧剥蒜皮：将蒜用温水泡 3 ~ 5 分钟捞出，用手一搓，蒜皮即可脱落。如需一次剥很多蒜，可将蒜摊在案板上，用刀轻轻拍打即可脱去蒜皮。

25. 藕、土豆等蔬菜切开容易变色，切开后放在水中，或者淋上柠檬汁，即可解决。

26. 巧洗带鱼：带鱼身上的腥味和油腻较大，用清水很难洗净，可把带鱼先放在碱水中泡一下，再用清水洗，就会很容易洗净，而且无腥味。

27. 巧切松花蛋：用刀切松花蛋，蛋黄会粘在刀上，但用丝线将松花蛋割开，既均匀又不粘蛋黄。或将刀在热水中烫一下再切，也能切得整齐漂亮。

28. 切肥肉：可先将肥肉蘸一下凉水，然后放在案板上，一边切一边洒点凉水，这样既切着省力，肥肉也不会滑动，且不易粘案板。

29. 冷冻食品解冻：鱼类宜泡在 5% 的 40℃ ~ 50℃食盐水中解冻；蛋类可装在不透水的金属容器中，将容器浸在 20℃的水中迅速解冻。

30. 使用砂锅：新买来的砂锅第一次使用时，最好用来熬粥，或煮浓淘米水，以堵塞砂锅的微细孔隙，防止渗水。